高压直流设备典型故障案例分析

国网宁夏电力有限公司电力科学研究院　主编

中国电力出版社
CHINA ELECTRIC POWER PRESS

内 容 提 要

本书对高压直流设备典型故障进行了讲解，按照故障简介、试验检查、原因分析、结论及建议四个方面对每一例故障进行了详细说明，内容涉及换流变压器、开关类设备、四小器类设备、通信系统及其他类设备。

本书可供电力行业变电运行、变电检修、电气试验等技术人员及相关工程管理人员阅读，也可供大中专高等院校相关专业师生和制造厂家参考，为相关人员在交接验收、隐患排查、故障分析、故障防范等方面提供经验参考。

图书在版编目（CIP）数据

高压直流设备典型故障案例分析/国网宁夏电力有限公司电力科学研究院主编．—北京：中国电力出版社，2020.12

ISBN 978-7-5198-4785-2

Ⅰ.①高… Ⅱ.①国… Ⅲ.①直流输电—高压电气设备—设备故障—案例 Ⅳ.①TM726.1

中国版本图书馆 CIP 数据核字（2020）第 123943 号

出版发行：中国电力出版社
地　　址：北京市东城区北京站西街 19 号（邮政编码 100005）
网　　址：http：//www.cepp.sgcc.com.cn
责任编辑：陈　丽（010-63412348）
责任校对：黄　蓓　常燕昆
装帧设计：张俊霞
责任印制：石　雷

印　　刷：三河市航远印刷有限公司
版　　次：2020 年 12 月第一版
印　　次：2020 年 12 月北京第一次印刷
开　　本：710 毫米×1000 毫米　16 开本
印　　张：10.5
字　　数：185 千字
印　　数：0001—1000 册
定　　价：56.00 元

编委会

前 言

近年来，直流电网快速发展，特高压直流设备装用量迅速增加，其故障也呈现逐年增长的趋势，造成了巨大经济损失及不良社会影响。从实际情况来看，当前国网公司系统对换流站内变压器、断路器、四小器等直流设备的运维检修规律尚未完全掌握，因此对发生故障的直流设备进行专业深入的检测分析工作，将有助于查明故障原因、提前采取措施、避免类似故障，对于提高设备健康运行水平以及技术人员综合素质具有重要意义。因此，本书针对换流站直流设备故障分析及处理进行阐述，可为运检人员进行故障诊断及处理提供有力辅助。希望通过这些案例，为各单位在交接验收、隐患排查、故障定位和分析、故障防范等方面提供交流学习的参考范例。

本书对近几年的特高压换流站内直流设备故障进行了梳理和汇总。内容涉及换流变压器、开关类设备、四小器类设备、通信系统及其他类设备。本书对于故障发生的概况、现场检查、事故原因进行了详细阐述及分析。其最大特点是理论联系实际、实用性强、简明扼要、容易被现场人员接受。全书以大量的一线工作实际案例为本，结合优秀检测团队宝贵经验，辅以精辟的理论分析，旨在为电力行业运维检修人员在交接验收、隐患排查、故障分析、故障防范等方面提供经验参考，提高运检人员变压器故障处置能力。希望广大读者在本书的指导下，从日常生产实践中学习、探索、提高。

限于编写人员水平，书中难免存在疏漏与不妥之处，敬请广大读者批评指正。

作 者

2020 年 5 月

目 录

1 变压器类故障

1.1 某换流站极Ⅱ换流变压器阀侧套管升高座重瓦斯跳闸

1.1.1 故障简介

1.1.1.1 故障描述

2018年10月25日11时49分9秒，某换流站运行监控系统后台报出“极Ⅱ角变B相阀a管升高跳闸”，极Ⅱ换流变压器非电量保护动作，极Ⅱ闭锁（见图1-1）。

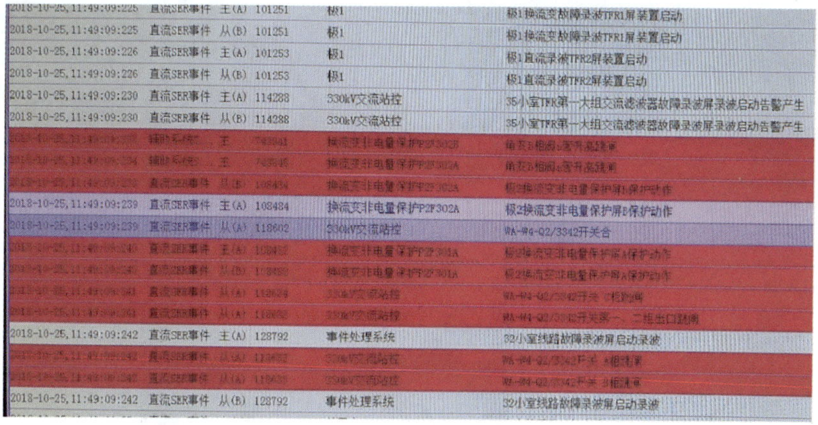

2018-10-25,11:49:09:225	直流SER事件	主(A)	101251	极1	极1换流变故障录波TFR1屏装置启动
2018-10-25,11:49:09:225	直流SER事件	从(B)	101251	极1	极1换流变故障录波TFR1屏装置启动
2018-10-25,11:49:09:226	直流SER事件	主(A)	101253	极1	极1直流录波TFR2屏装置启动
2018-10-25,11:49:09:226	直流SER事件	从(B)	101253	极1	极1直流录波TFR2屏装置启动
2018-10-25,11:49:09:230	直流SER事件	主(A)	114288	330kV交流站控	35小室TFR第一大组交流滤波器故障录波屏录波启动告警产生
2018-10-25,11:49:09:230	直流SER事件	从(B)	114288	330kV交流站控	35小室TFR第一大组交流滤波器故障录波屏录波启动告警产生
[illegible]	辅助系统	主	[illegible]	换流变非电量保护P2F302B	角变B相阀a管升高跳闸
[illegible]	辅助系统	主	[illegible]	换流变非电量保护P2F302A	角变B相阀a管升高跳闸
[illegible]	直流SER事件	从(B)	[illegible]	换流变非电量保护P2F302A	极2换流变非电量保护屏B保护动作
2018-10-25,11:49:09:239	直流SER事件	主(A)	108484	换流变非电量保护P2F302A	极2换流变非电量保护屏B保护动作
2018-10-25,11:49:09:239	直流SER事件	从(A)	118602	330kV交流站控	WA-W4-Q2/3342开关合
[illegible]	直流SER事件	主(A)	[illegible]	换流变非电量保护P2F301A	极2换流变非电量保护屏A保护动作
[illegible]	直流SER事件	从(B)	[illegible]	换流变非电量保护P2F301A	极2换流变非电量保护屏A保护动作
[illegible]	直流SER事件	从(A)	[illegible]	330kV交流站控	[illegible]
[illegible]	直流SER事件	从(A)	[illegible]	330kV交流站控	[illegible]
2018-10-25,11:49:09:242	直流SER事件	主(A)	128792	事件处理系统	32小室线路故障录波屏启动录波
[illegible]	直流SER事件	从(A)	[illegible]	330kV交流站控	[illegible]
[illegible]	直流SER事件	从(A)	[illegible]	330kV交流站控	[illegible]
2018-10-25,11:49:09:242	直流SER事件	从(B)	128792	事件处理系统	32小室线路故障录波屏启动录波

图1-1 运行监控系统报文

1.1.1.2 故障设备信息

该换流站极Ⅱ换流变压器Y/D-B相阀a套管升高座气体继电器为双浮球气体继电器，型号BF25/10，出厂编号为679130，投运时间为2011年2月28日，最近一次校验时间为2016年12月1日。

极ⅡY/D－B相变压器型号为ZZDFPZ-403000/330－330，投运时间为2011年2月28日。极Ⅱ换流变压器Y/D－B相阀a套管型号为GOE－1300－1500－5000，投运时间为2011年2月28日。

1.1.1.3 故障前运行情况

天气晴，大风，环境温度为12℃。该换流站双极大地回线方式运行，输送功率4000MW，极Ⅰ、极Ⅱ分别输送功率2000MW，现场无检修工作。

1.1.2 故障原因分析

1.1.2.1 现场检查及试验分析

（1）一次设备检查情况。异常发生后，运维检修人员立即检查现场一、二次设备。

1）经检查，极Ⅱ换流变压器Y/D－B相阀a套管升高座无渗油、漏油现象。升高座气体继电器外观正常，浮球处于未动作状态（见图1－2～图1－4）。

图1－2 阀侧套管a

图1－3 阀侧a套管升高座

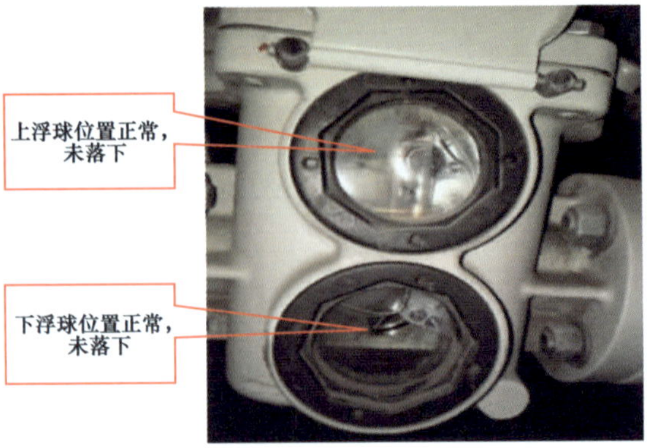

图1－4 现场气体继电器浮球状态

2）极Ⅱ换流变压器网侧电压、电流和阀侧电压、电流故障录波无异常（见图1－5和图1－6）。

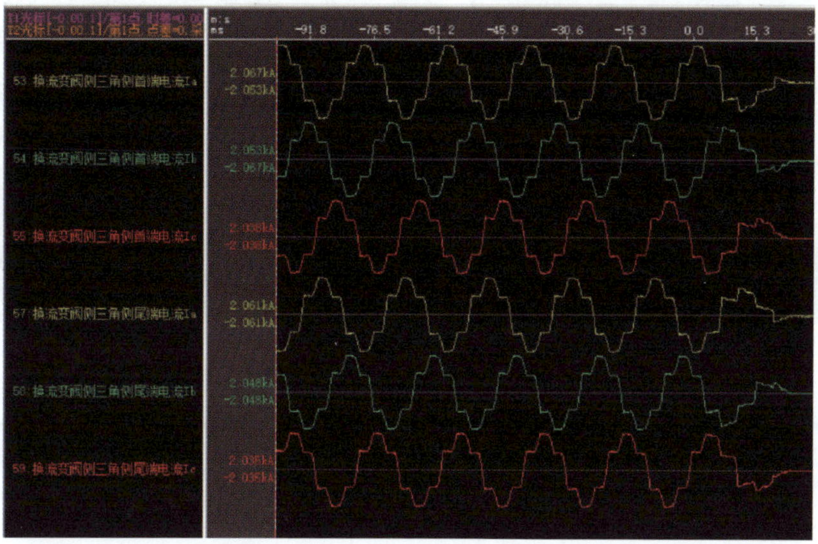

图1－5　极Ⅱ换流变压器 YD 阀侧首端、尾端电流录波

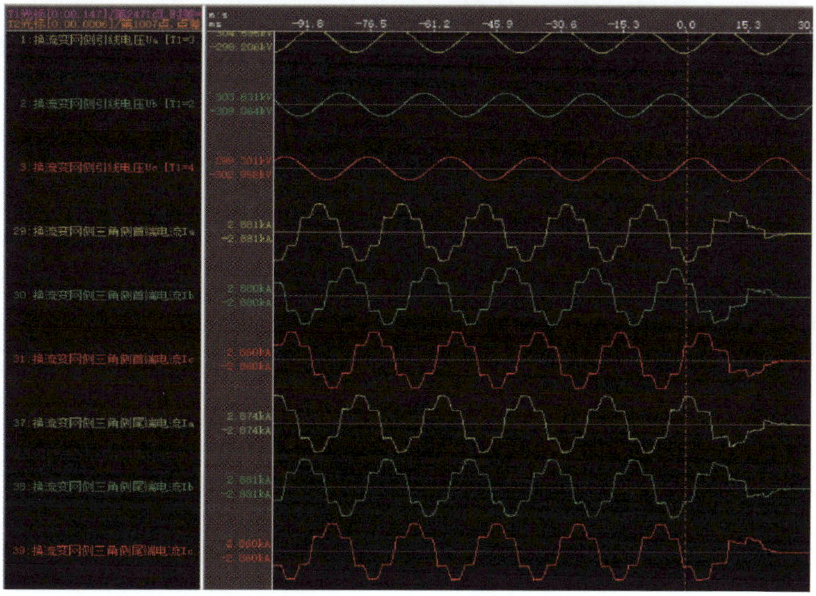

图1－6　极Ⅱ换流变压器 YD 网侧首端、尾端电流录波

3）极Ⅱ换流变压器非电量保护装置、极Ⅱ换流变压器 Y/D－B 相阀 a 套管升高座气体继电器三副跳闸开入节点均变位，极Ⅱ换流变压器双套非电量保护

“三取二”动作，非电量保护动作持续时间 146ms（见图 1－7～图 1－9）。

图 1－7　极Ⅱ换流变压器非电量保护动作录波

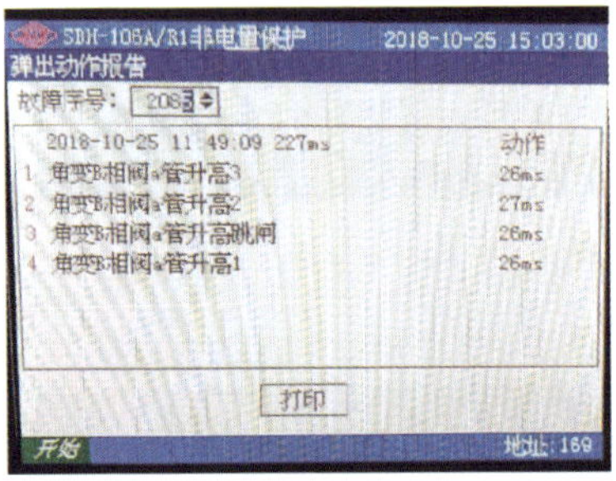

图 1－8　第一套非电量保护动作报告

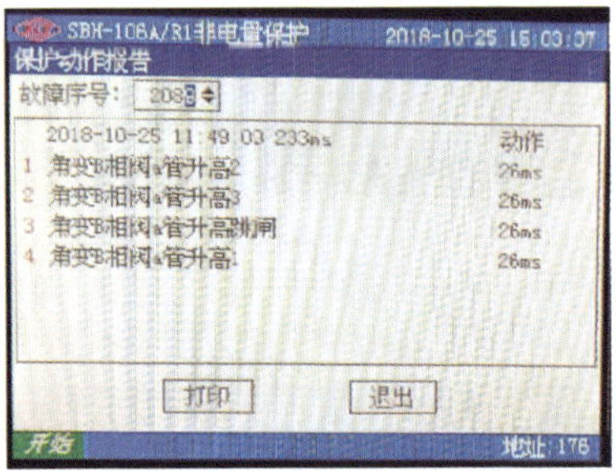

图 1－9　第二套非电量保护动作报告

（2）试验分析情况。

1）对极Ⅱ换流变压器 Y/D－B 相本体及阀 a 套管升高座进行油色谱分析，分析结果正常，与前次数据比对无明显变化（见表 1－1）。

表 1－1　极Ⅱ换流变压器 Y/D－B 相阀 a 套管升高座油色谱分析表　（μL/L）

气体组分	网侧高压套管	阀侧高压套管	阀侧低压套管	本体上部	本体下部	含量注意值
H_2	34.77	35.16	33.12	37.39	40.42	≤150
O_2	/	/	/	/	/	
N_2	/	/	/	/	/	
CO	390.29	371.48	378.80	395.88	416.65	
CO_2	3731.75	3587.29	3892.28	4083.04	3873.25	
CH_4	17.73	17.34	18.38	18.78	19.1	
C_2H_4	1.27	0.99	1.09	1.25	1.07	
C_2H_6	3.46	3.28	3.59	3.79	3.53	

续表

气体组分	网侧高压套管	阀侧高压套管	阀侧低压套管	本体上部	本体下部	组分含量注意值
C_2H_2	0.09	0.09	0.11	0.09	0.09	≤1
总烃	22.55	21.70	23.17	23.91	23.79	≤150

2）对极Ⅱ换流变压器 Y/D－B 相本体及阀 a 套管升高座进行气体成分分析，分析结果正常，与前次数据比对无明显变化（见图 1－10）。

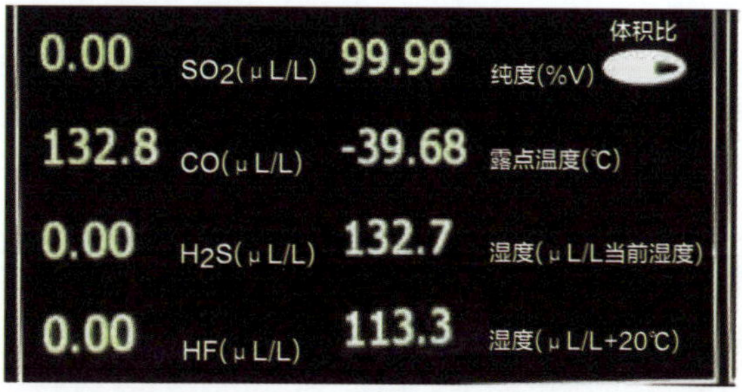

图 1－10　气体成分分析报告

3）现场对极Ⅱ换流变压器 Y/D－B 相阀 a 套管升高座气体继电器二次回路进行对地及节点间绝缘检查，结果正常。

4）现场对极Ⅱ换流变压器 Y/D－B 相阀 a 套管升高座气体继电器动作逻辑进行传动校验，传动结果正确。

5）对气体继电器进行机械检查，发现浮球轻微抖动时，触点发生闭合。

（3）双浮球气体继电器结构（见图 1－11）。极Ⅱ换流变压器 Y/D－B 相阀 a

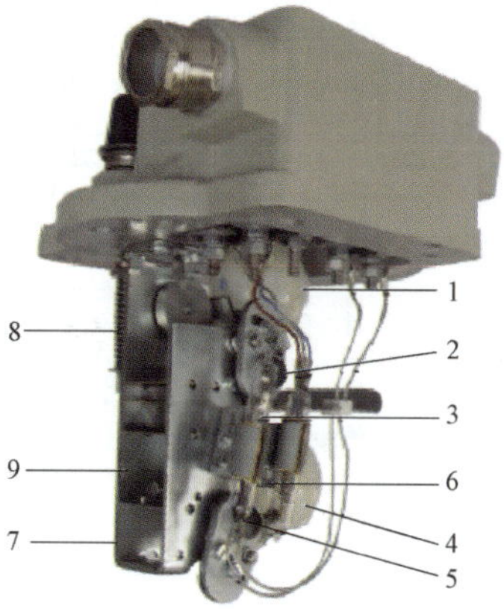

图 1－11　双浮球气体继电器结构

1—上浮子；2—上浮子恒磁磁铁；3—上开关系统；4—下浮子；5—下浮子恒磁磁铁；6—下开关系统；7—框架；8—测试机械；9—挡板（挡板由恒磁磁铁拦挡并操纵下开关系统）

套管升高座气体继电器一端安装在升高座引出的连接管路上，另一端封死。在正常状态下，内部充满绝缘油，由于浮力，两个浮球均处在最高位置。

当变压器内部出现故障时，气体继电器将做出如下反应：

1）气体积累。如图 1－12 所示，液体中的气体上升，聚集在气体继电器内并挤压绝缘液。随着液面的下降，上浮子也一同下降。通过浮子的运动，将带动一个开关元件（磁性开关管），由此启动报警信号。但下浮子不受影响，因为一定量的气体可以通过管道向储液罐流动。

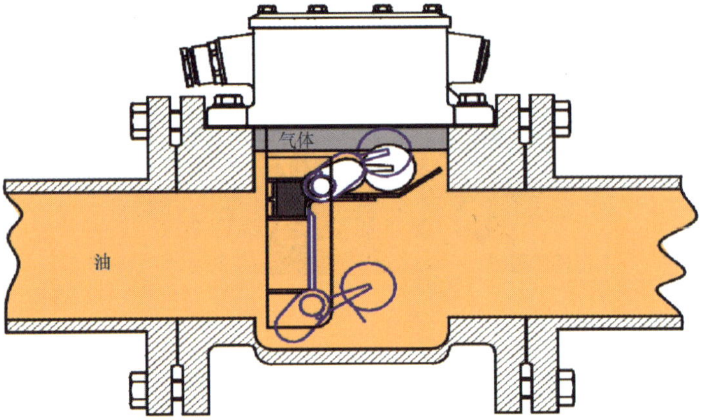

图 1－12　气体产生导致瓦斯浮子动作

2）绝缘液流失。如图 1－13 所示，随着液体水平面的下降，上浮子也同时下沉，此时发出报警信号。当液体继续流失，液体水平面持续下降，下浮子下沉，启动跳闸。

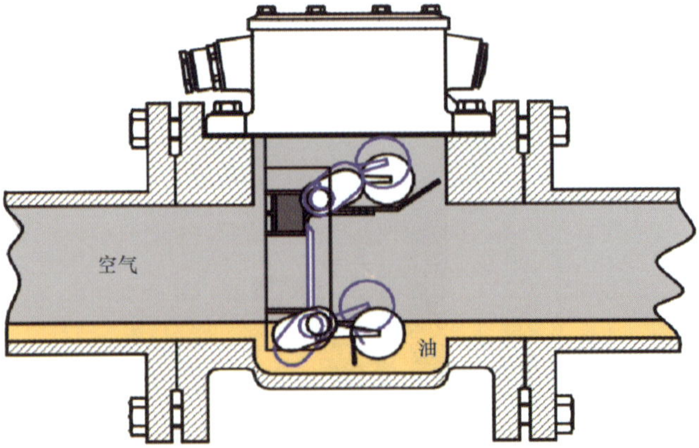

图 1－13　油位下降导致瓦斯浮子动作

3）绝缘液故障。如图 1－14 所示压力波流冲击安装在流动液体中的挡板，压力波流的流速超过挡板的动作灵敏度，挡板顺压力波流的方向运动，下浮球下沉，启动跳闸。

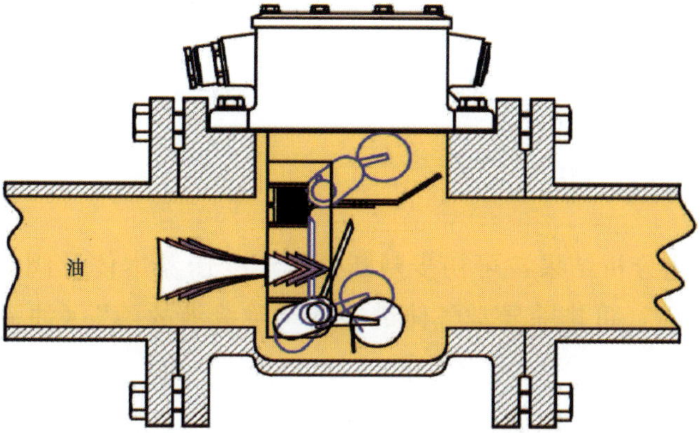

图 1-14 油流冲击导致瓦斯浮子动作

气体继电器节点动作原理为：上浮球下落，带动上浮子恒磁铁运动，磁开关管受恒磁铁磁力作用闭合，触发轻瓦斯告警信号；下浮球下落，带动下浮子恒磁铁运动，磁开关管受恒磁铁磁力作用闭合，启动重瓦斯动作出口。

依据运检一〔2015〕87 号《国网运检部关于开展 HSP 套管、换流变油流继电器、油枕逆止阀专项隐患排查治理工作的通知》要求，电力公司结合 2015 年及 2016 年年度检修工作，分批次对该站换流变压器所有气体继电器进行校验，并对校验不合格的继电器进行更换。本次引发跳闸的继电器于 2016 年 12 月 7 日，委托某电力科技公司校验，校验结果合格。

（4）阀 a 套管升高座气体继电器安装位置如图 1-15 所示。

图 1-15 阀 a 套管升高座瓦斯继电器安装位置

（5）气体继电器功能检查。DL/T 540—2013《气体继电器检验规程》中，检验项目共有10项，其中外观、绝缘电阻、耐压、密封性、流速、气体容积、干簧节点导通7项试验为例行检验，防水性能、抗震能力、反向油流3项试验为型式试验。依据例行试验的相关要求，委托某电力科技公司对异常气体继电器进行校验，校验结果合格。

1.1.2.2 综合分析

（1）从油化分析结果，可初步判断该换流变压器本体及阀a套管升高座内部无放电故障，可排除异常气体继电器“绝缘液故障”（油流冲击导致瓦斯动作）。

（2）经检查，极Ⅱ换流变压器Y/D－B相阀a套管升高座气体继电器二次回路对地绝缘、节点间绝缘均正常，非电量保护“三取二”逻辑动作正确，判断二次回路无异常。

（3）每台换流变压器共安装气体继电器8个，其中主瓦斯1个，分接开关瓦斯3个，网侧套管2个，阀侧套管2个。阀侧套管升高座气体继电器的安装位置低于主瓦斯，本次事件中，异常气体继电器轻瓦斯未动作，重瓦斯动作146ms后返回。可排除“气体积累”和“绝缘液流失”异常。

（4）异常气体继电器试验校核情况。

1）气体继电器外观检查。继电器密封良好，螺杆无松动，放气阀和探针等完好。放气阀、探针操作灵活；干簧管固定牢固并有缓冲套，玻璃管完好无渗油，根部引出线连接可靠，挡板转动灵活。

2）气体继电器密封性检查。对挡板式继电器密封检验，将继电器充满变压器油，在常温下加压至0.2MPa、稳压20min后，检查放气阀、探针、干簧管、出线端子、壳体及各密封处无渗漏。

3）流速值测试。油流速度从0m/s开始，在流速整定值（1.0m/s）的30%～40%的油流冲击下，稳定3～5min，观察其稳定性。然后开始缓慢、均匀、稳定增加流速，直至有跳闸动作输出时，测得稳态流速值为流速动作值，从缓慢、均匀、稳定增加流速开始，至有跳闸动作输出时，流速的平均变化量不能大于0.02m/s。重复试验3次，继电器各次动作值误差不大于±10%整定值，3次测量动作值之间的最大误差不超过整定值的10%。

追溯检修记录，该继电器于2016年12月7日由某电科院校验，结果合格。

故障后拆下该继电器，校核结果如表1－2所示。

表 1-2　　　　异常继电器校验结果

编号	日期	重瓦斯（流速 m/s）	轻瓦斯（气体容积 mL）	备注
679130	2016.12.7	0.934	240	依据：DL/T 540—2013《气体继电器检验规程》
	2018.10.25	1.007	272	
校验标准		1.0±10%	200～250	
制造厂要求值		1.0±15%	200～300	

（5）异常气体继电器解体分析。采用“标记法”对“浮球永磁面动作行程”进行分析比对。对异常继电器及站内备品开展“浮球永磁面动作行程”测试，进行数据统计分析。数据结果见表 1-3。

表 1-3　　　　“浮球永磁面动作行程”测试数据统计表

编号	679130	843838	843808	843813	843837	843817
行程（mm）	0.87	2.14	2.32	2.02	2.14	1.96
编号	843829	843821	843837	843816	745405	843834
行程（mm）	2.20	2.12	1.90	1.74	1.96	1.12
编号	843836	843819	843833	843826	843828	843832
行程（mm）	1.76	1.89	2.06	1.72	2.02	1.16
编号	843835	670440	848350	683807	734413	683806
行程（mm）	0.91	3.45	3.87	3.28	3.45	2.03

“浮球永磁面动作行程”定义为，气体继电器浮球从高位运动至干簧触点导通时，永磁面移动的距离，该距离间接反应气体继电器的动作灵敏度，即标记浮球高位时永磁面的位置为点 1，干簧触点导通时永磁面的位置为点 2，测量两点间直线距离。具体见图 1-16 和图 1-17。

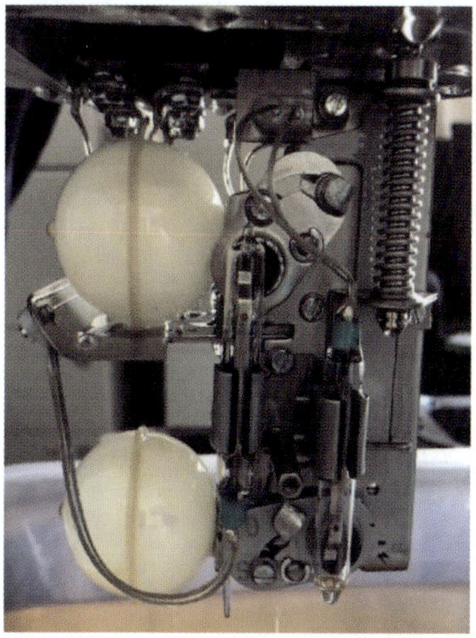

图 1-16　继电器侧面结构图

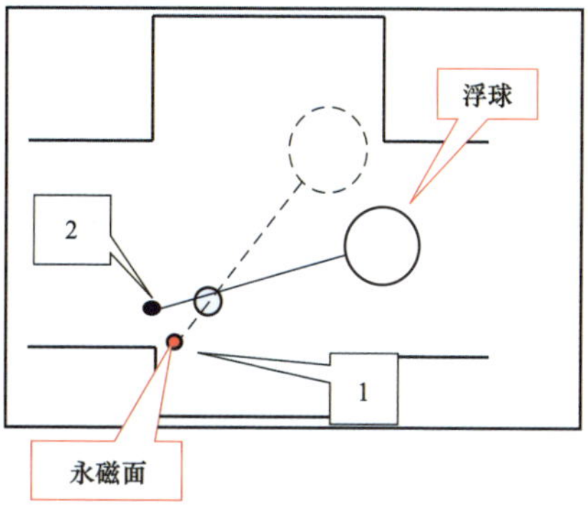

图 1-17　“浮球永磁面动作行程”示意

从统计数据来看，异常气体继电器“浮球永磁面动作行程”最小，抗干扰能力弱，存在误动可能性较大。

（6）气体继电器行程测量统计情况。结合 2018 年综合检修，对某换流站 87 个气体继电器开展校核，并记录每个继电器重瓦斯浮球永磁面的总行程（即浮球从最高位运动至最低位时，永磁面的移动距离），以及 3 对重瓦斯节点的行程，将永磁面动作行程小于 2mm 的按照 2mm 调整整定。记录结果见表 1－4。

表 1－4　“浮球永磁面动作行程”统计表

序号	编号	初始行程（cm）	总行程（mm）	重瓦斯节点一		重瓦斯节点二		重瓦斯节点三	
				调前（mm）	调后（mm）	调前（mm）	调后（mm）	调前（mm）	调后（mm）
1	679130	/	/	0.87	/		/		/
2	683121	5.432	5.82	0.88	2.8	1.12	2.74	1.72	2.67
3	843835	/	/	0.91	/	3.79	/	1.15	/
4	679126	5.5	5.88	1.1	2.3	0.9	2.4	1.8	2.2
5	843834	/	/	1.12	/		/		/
6	683810	5.55	6	1.12	2.74	2	2.8	2.2	/
7	692570	5.25	5.06	1.14	2.5	1.46	2.78	1.8	2.9
8	843832	/	/	1.16	/	4.47	/	1.23	/
9	692564	5.32	5.3	1.26	2.9	1.5	2.68	1.9	2.73
10	684997	5.32	5.52	1.26	1.96	2.42	/	2.82	/
11	687196	5.5	5.9	1.3	2.5	1.4	2.4	1.5	2.3
12	692239	5.4	5.67	1.3	2.4	2.21	/	2.3	/
13	692566	5.32	5.3	1.34	2.3	1.82	2.1	2.7	/
14	682199	5.47	/	1.4	2.4	1	2.81	1.1	2.4
15	685008	5.53	5.8	1.4	2.67	1.9	2.4	2.1	2.1
16	684999	5.36	5.8	1.4	2.4	1.6	2.6	1.7	2.8
17	692240	5.4	5.5	1.4	2.4	2	2.4	2.5	/
18	682196	5.42	5.7	1.4	2.4	1.8	2.5	1.9	2.5
19	682196	5.42	5.7	1.4	2.4	1.8	2.5	1.9	2.5

续表

序号	编号	初始行程（cm）	总行程（mm）	重瓦斯节点一		重瓦斯节点二		重瓦斯节点三	
				调前（mm）	调后（mm）	调前（mm）	调后（mm）	调前（mm）	调后（mm）
20	682200	5.48	6.2	1.4	2.4	1.8	2.3	1.9	2.3
21	683129	5.25	5.7	1.4	2	1.8	2.5	1.7	2.5
22	687210	5.258	4.7	1.48	2.42	2.18	2.54	2.58	/
23	685968	5.3	5.4	1.5	2.8	1.7	2.9	1.9	2.7
24	681626	5.49	5.48	1.54	1.98	2.42	/	2.48	/
25	683811	5.44	5.9	1.6	2.1	1.9	2.2	2.3	/
26	675302	5.48	5.6	1.6	2.8	2.3	/	1.8	2.7
27	692567	5.364	5.52	1.66	2.36	1.76	2.26	2.24	/
28	685003	5.404	5.8	1.68	2.44	1.67	2.64	2.44	/
29	682203	5.38	5.7	1.7	2.7	1.6	2.5	1.66	2.8
30	683124	5.59	6.2	1.7	2.3	1.8	2.4	1.9	2.8
31	682202	5.35	6.3	1.7	2.7	1.6	2.9	1.8	2.9
32	685010	5.8	5.43	1.7	2.8	1.6	2.65	1.9	2.7
33	843811	5.4	5.4	1.7	2.5	2.2	/	1.7	2.4
34	801269	5.42	6.1	1.7	2.4	1.6	2.3	1.4	2
35	676549	5.47	5.2	1.7	2.3	1.8	2.5	1.6	2.4
36	843826	/	/	1.72	/	4.57	/	0.83	/
37	687200	5.51	5.78	1.72	2.08	1.92	2.6	2.06	/
38	843816	/	/	1.74	/	3.01	/	0.09	/
39	843836	/	/	1.76	/		/		/
40	692589	5.68	5.74	1.8	2.1	2.8	/	2.6	/
41	685969	5.32	5.4	1.8	2.6	1.7	2.5	2.4	/
42	685006	5.34	5.4	1.8	2.2	2.1	/	2.1	/
43	679125	5.4	5.6	1.8	2.4	2.6	/	2.5	/
44	843819	/	/	1.89	/	3.93	/	0.08	/

续表

序号	编号	初始行程（cm）	总行程（mm）	重瓦斯节点一		重瓦斯节点二		重瓦斯节点三	
				调前（mm）	调后（mm）	调前（mm）	调后（mm）	调前（mm）	调后（mm）
45	843827	/	/	1.9	/	3.11	/	0.42	/
46	684998	5.46	5.8	1.9	2.9	2	2.8	2.2	2.7
47	685971	5.24	5.54	1.9	2.4	2	2.3	2.3	/
48	681623	5.38	5.2	1.9	2.9	2	2.8	4.1	3
49	675767	5.66	5.62	1.92	2.18	3.2	/	3.64	/
50	745405	/	/	1.96	/		/		/
51	843817	/	/	1.96	/		/		/
52	691809	5.44	5.82	2	2.2	2.6	/	2.4	/
53	682204	5.3	5.5	2	2.4	2.5	/	2.7	/
54	843813	/	/	2.02	/		/		/
55	843828	/	/	2.02	/	3.31	/	1.68	/
56	683806	/	/	2.03	/	4.16	/	0.14	/
57	843833	/	/	2.06	/	3.9	/	0.86	/
58	692241	5.44	5.9	2.1	/	2.12	/	2.3	/
59	843821	/	/	2.12	/	3.6	/	0.35	/
60	843838	/	/	2.14	/		/		/
61	683122	5.61	6	2.16	/	2.12	/	2.1	/
62	843829	/	/	2.2	/		/		/
63	691778	5.43	6.1	2.2	/	2.5	/	2.3	/
64	691782	5.462	5.82	2.22	/	2.12	/	2.16	/
65	683128	5.38	5.3	2.3	/	1.7	2.4	1.6	2.4
66	843808	/	/	2.32	/		/		/
67	685002	5.47	5.9	2.4	/	2.34	/	2.6	/
68	687209	5.34	5.4	2.4	/	2.5	/	2.6	/
69	691779	5.39	5.8	2.4	/	2.4	/	2.5	/
70	691784	5.374	5.22	2.46	/	1.58	2.24	1.96	2.64
71	691781	5.52	5.7	2.5	/	1.54	2.46	1.9	2.52
72	685002	5.56	6.9	2.5	/	2.6	/	2.6	/
73	685007	5.56	5.61	2.5	/	2.6	/	2.6	/

续表

序号	编号	初始行程(cm)	总行程(mm)	重瓦斯节点一		重瓦斯节点二		重瓦斯节点三	
				调前(mm)	调后(mm)	调前(mm)	调后(mm)	调前(mm)	调后(mm)
74	695757	5.49	5.4	2.5	/	1.4	2.3	1.6	2.4
75	685966	5.45	5.9	2.6	/	2.71	/	2.78	/
76	695760	5.45	5.8	2.6	/	2	2.4	1.8	2.7
77	687199	5.47	5.5	2.6	/	2.4	/	1.8	2.6
78	685548	5.43	5.6	2.7	/	2.5	/	2.6	/
79	692237	5.402	5.96	2.8	/	2.52	/	2.8	/
80	687197	5.53	5.6	2.8	/	2.6	/	2.7	/
81	679138	5.4	6.3	2.9	/	2.62	/	2.7	/
82	683807	/	/	3.28	/	4.16	/	0.62	/
83	670440	/	/	3.45	/	4.98	/		/
84	734413	/	/	3.45	/	5.78	/	1.02	/
85	675765	5.314	5.44	3.54	3.04	2.44	/	2.41	/
86	695762	5.47	5.9	3.7	2.6	2.2	/	2.7	/
87	843850	/	/	3.87	/	2.09	/		/

对表 1-4 数据进行分析，发现无论是浮球永磁面的总行程，还是三对重瓦斯动作节点的行程，均存在不确定性。重瓦斯节点一的行程总体呈上升趋势，重瓦斯节点二、节点三的行程均存在较大的离散性。总行程除个别继电器存在过大或过小的情况，基本在 5.2～6.4mm 间浮动，但浮动区间依然较大，如图 1-18～图 1-21 所示。

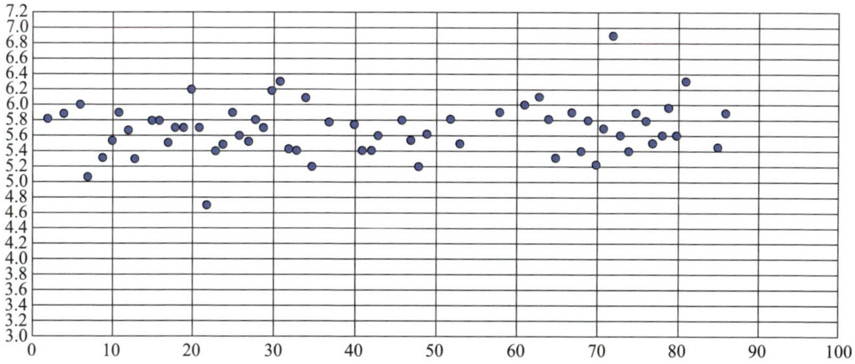

图 1-18　永磁面总行程统计分布图

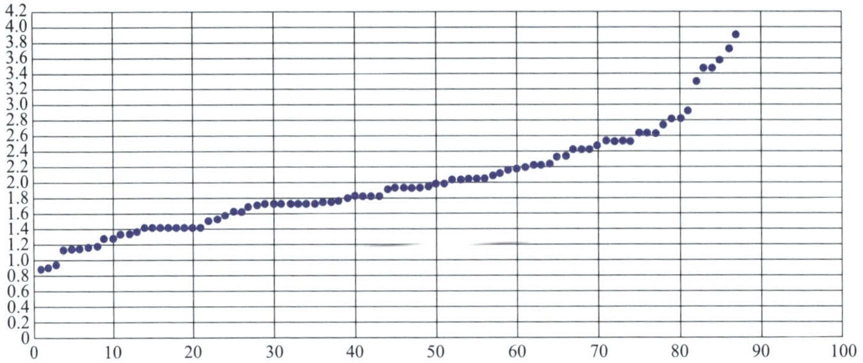

图 1-19　重瓦斯节点一的动作行程

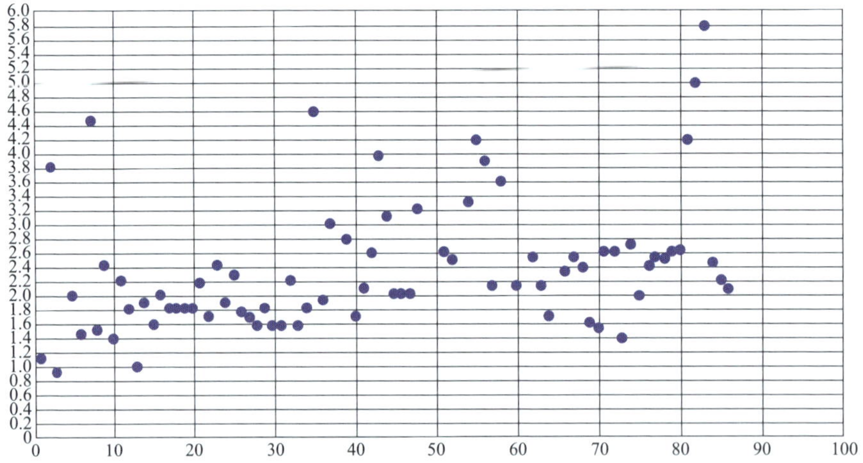

图 1-20　重瓦斯节点二的动作行程

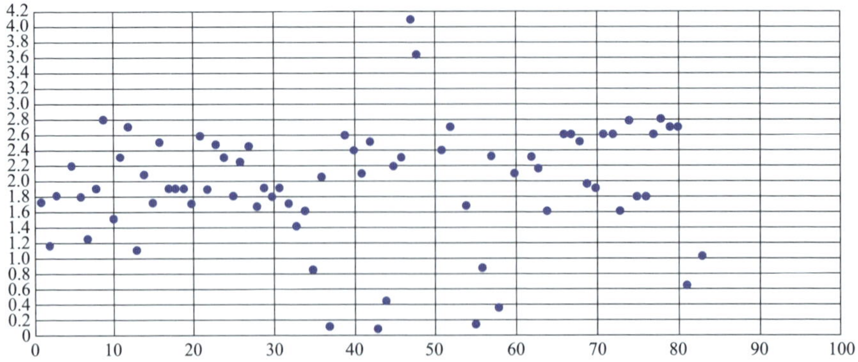

图 1-21　重瓦斯节点三的动作行程

1.1.3 结论及建议

1.1.3.1 结论

气体继电器抗干扰能力弱，发生误动作可能性较大，是导致 OWS 后台报出“极Ⅱ角变 B 相阀 a 管升高跳闸”，极Ⅱ换流变压器非电量保护动作，极Ⅱ闭锁的主要原因。

1.1.3.2 建议

(1) 继续开展气体继电器“浮球永磁面动作行程”研究，修订校验规程。

(2) 持续跟踪换流变压器本体油色谱分析，进一步加强设备运维管理。

(3) 研究气体继电器“浮球动作行程”合理范围，修编气体继电器校验规程。

1.2 某换流站换流变压器有载分接开关压力释放阀动作

1.2.1 故障简介

1.2.1.1 故障描述

2018 年 11 月 7 日，某换流站年度综检后恢复送电过程中，6 时 50 分直流双极解锁，7 时按国家电网有限公司国家电力调度控制中心（简称国调）计划，执行双极功率由 400MW 升至 1200MW 操作。

7 时 3 分 2 秒 555 毫秒，后台 A、B 系统报“极Ⅰ换流变 YY－C 相分接头升降过程中”，7 时 4 分 3 秒 738 毫秒报出：“极Ⅰ换流变 YY－C 相有载调压压力突变”，有载调压开关 OLTC2 压力释放阀动作，未复归。

7 时 15 分，双极功率升至 800MW，运行人员申请暂停后续升功率操作。

7 时 35 分，运行人员将极Ⅰ紧急停运。

表 1－5 为故障报文。

表 1-5　　某换流站极 1 换流变故障报文

时　间	类　型	位置	报文编码	详细位置	报　文	状态
2018-11-07，07：04：02：595	直流 SER 事件	从（A）	100247	极 1	极 1 换流变 Y/D C 项分接头升降过程中	产生
2018-11-07，07：04：02：616	直流 SER 事件	从（B）	100247	极 1	极 1 换流变 Y/D B 项分接头升降过程中	产生
2018-11-07，07：04：03：738	直流 SER 事件	主（B）	100186	极 1	极 1 换流变 Y/Y C 项有载调压压力突变	产生
2018-11-07，07：04：03：763	直流 SER 事件	主（A）	100186	极 1	极 1 换流变 Y/Y C 项有载调压压力突变	产生
2018-11-07，07：04：07：095	直流 SER 事件	主（B）	100207	极 1	极 1 换流变 Y/D A 项分接头升降过程中	消失
2018-11-07，07：04：07：103	直流 SER 事件	主（A）	100207	极 1	极 1 换流变 Y/D A 项分接头升降过程中	消失
2018-11-07，07：04：07：103	直流 SER 事件	主（A）	100247	极 1	极 1 换流变 Y/D A 项分接头升降过程中	消失
2018-11-07，07：04：07：120	直流 SER 事件	主（A）	100287	极 1	极 1 换流变 Y/D B 项分接头升降过程中	消失

1.2.1.2　故障设备信息

该换流站极Ⅰ Y/Y-C 相（011B）换流变压器 2010 年 3 月出厂，2010 年 11 月 28 日投运，型号为 ZZDFPZ-401200/330，额定容量为 403MVA，出厂编号为 2010036。分接开关 2010 年 3 月出厂，型号为 UCLDE 380/900/ⅢS。分接开关 OLTC2 压力释放阀型号为 25 PSI 1.72BAR，出厂编号为 445746，投运时间为 2010 年 11 月 28 日。

1.2.1.3　故障前运行情况

天气晴，无风，环境温度 5℃。该换流站 750kV 系统和 330kV 系统为 3/2 接线，66kV 系统接线为单母线接线，1 号和 2 号主变压器并列运行，直流系统双极大地回线方式运行，外送功率 400MW，正在执行升功率操作，现场无检修工作。

1.2.2　故障原因分析

1.2.2.1　现场检查及试验分析

（1）设备检查情况。

1）如图 1-22～图 1-25 所示，极Ⅰ Y/Y-C 相换流变压器有载分接开关

OLTC2 压力释放阀动作，现场喷油，压力释放阀因喷口被信号传动杆卡住，无法复归。压力释放阀防雨罩掉落在地面。分接开关储油枕、滤油机阀门位置正确，呼吸器及管路通过吹气检查畅通，分接开关储油枕油位降至零。

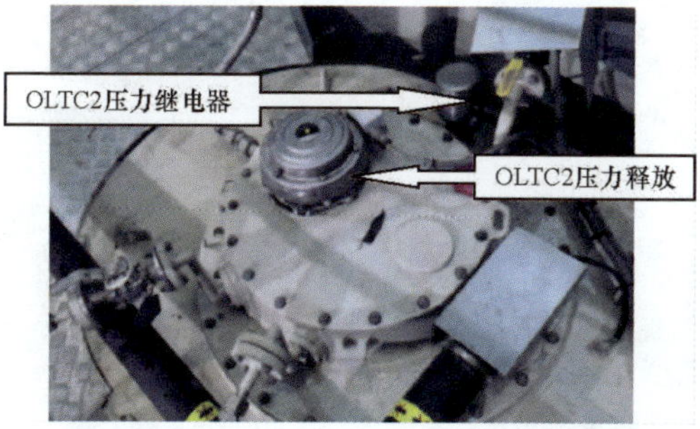

图 1 - 22　分接开关顶部示意图

图 1 - 23　压力释放阀未复归

图 1 - 24　防雨罩掉落及喷油情况

图 1 - 25　现场压力释放阀信号微动开关

2）11 时 20 分，生产厂家技术人员到达现场，全程指导开展 OLTC2 吊芯检查工作。现场检查发现，开关触指均有不同程度烧蚀现象，其他部件无明显异常，切换操作无卡涩，测量过渡电阻值均在 11.6Ω 左右。

(2) 视频资料情况。调阅现场视频（见图 1－26），发现压力释放阀动作瞬间将防雨罩弹飞，分接开关 OLTC2 区域有大量油气冒出。

图 1－26　换流变压器视频监控资料

(3) 历次试验情况。

1）2017 年 9 月 11 日，对极 Ⅰ Y/Y－C 相换流变压器有载调压开关 OLTC2 油室进行油色谱分析，结果见表 1－6。

表 1－6　极 Ⅰ Y/Y－C 相换流变压器分接开关油色谱分析表　(μL/L)

组分	含量		
	分接开关 OLTC1	分接开关 OLTC2	分接开关 OLTC3
H_2	4363.16	4465.12	4490.08
O_2	0.00	0.00	0.00
N_2	0.00	0.00	0.00
CO	287.08	256.11	261.71
CO_2	1290.41	845.56	669.19
CH_4	380.72	382.11	384.29
C_2H_4	1058.23	1060.78	1059.87
C_2H_6	58.92	65.40	60.70
C_2H_2	1323.05	1933.12	1327.74
总烃	2820.92	3441.41	2832.60

2）2018 年 11 月 7 日，对极 Ⅰ Y/Y－C 相换流变压器进行油色谱分析，有

载调压开关油室结果见表 1－7。

表 1－7　极 I Y/Y－C 相换流变压器分接开关油色谱分析表　(μL/L)

组分	含量		
	分接开关 OLTC1	分接开关 OLTC2	分接开关 OLTC3
H_2	11646.97	7929.69	9511.85
O_2	/	/	/
N_2	/	/	/
CO	440.04	237.19	339.39
CO_2	1813.97	25480.28	20988.86
CH_4	1026.26	991.63	984.57
C_2H_4	1853.33	1181.80	1358.64
C_2H_6	106.99	72.40	78.71
C_2H_2	2319.64	2307.0	1213.63
总烃	5306.22	4553.53	3635.35

3）换流变压器直阻、变比测试结果与前次测试结果对比无异常。

（4）现场处置情况。

1）对异常分接开关吊芯检查，使用备用相进行替换，对分接开关及油室进行清洗、换油并进行相关试验、传动。

2）对动作压力释放阀进行更换。

3）对压力继电器进行更换。

4）自行研制压力释放阀校验装置，使用校验装置对压力释放阀进行校验，具体方法为：将压力释放阀安装在校验装置法兰处，确保密封良好，使用气泵从注气口对装置逐渐加压至压力释放阀动作，记录动作时压力表的数值。

经现场校核比对，原动作的压力释放阀在加压至 1.0MPa（定值为 0.172MPa）时动作，且为底部局部开启，缓慢漏气；压力释放阀备件在加压至 0.172MPa 时动作，阀门整体突然有力地弹起。

（5）压力释放阀结构。该换流站极 I 换流变压器 Y/Y－C 相分接开关 OLTC2 压力释放阀安装在调压开关顶盖处。在正常状态下，由密封垫圈密封，保证绝缘油不渗漏。压力释放阀内部主要是通过弹簧对膜盘施加压力，膜盘通过密封圈密封。当变压器内部出现故障时，压力释放阀将会做出如下的反应：

1）压力释放阀动作。当调压开关内部发生故障时，产生大量气体时，绝缘油对膜盘上的压力大于弹簧压力时，达到开启压力，绝缘油排出，调压开关内部的压力在油排出后迅速降低到正常值。

2）压力释放阀复归。当调压开关内部压力降低到正常值时，弹簧压力大于调压开关内部压力。膜盘受弹簧压力回到原来的位置，压力释放阀（见图 1－27）复归。膜盘通过密封垫进行密封。

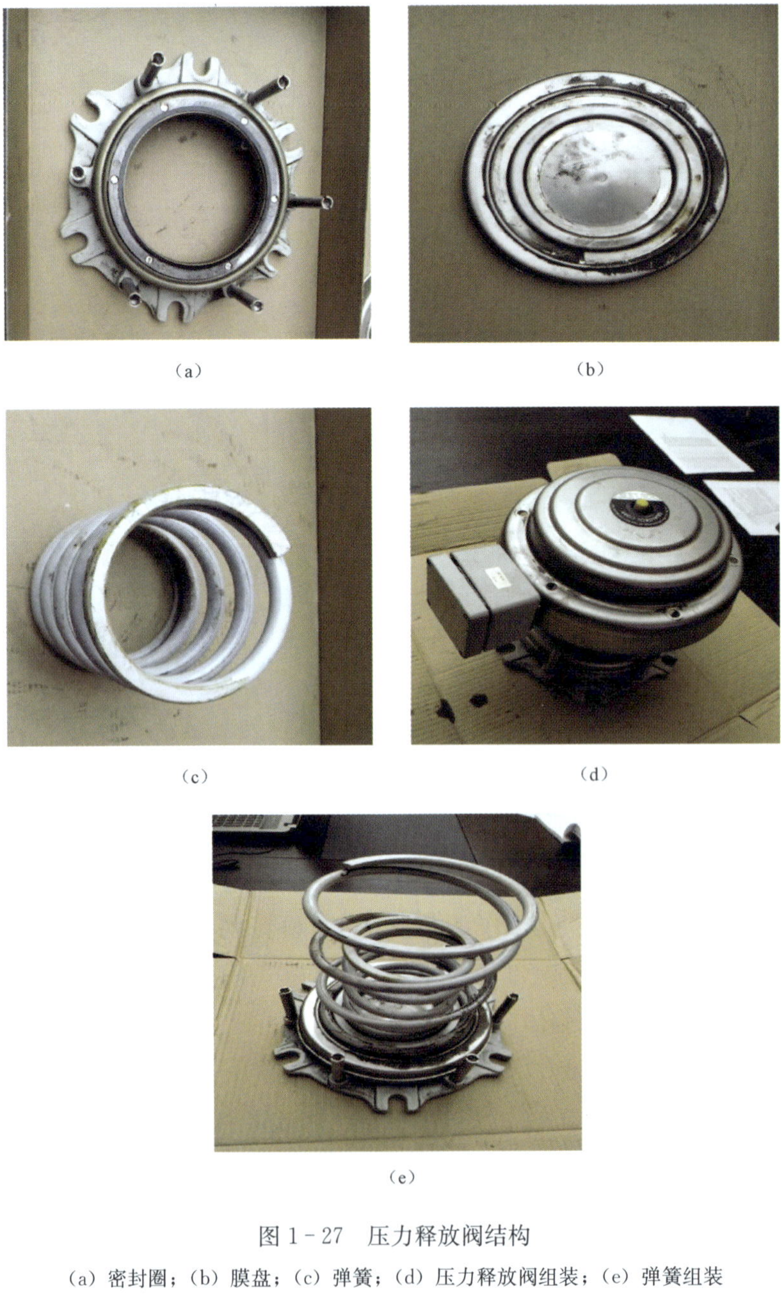

（a）　（b）　（c）　（d）　（e）

图 1－27　压力释放阀结构

（a）密封圈；（b）膜盘；（c）弹簧；（d）压力释放阀组装；（e）弹簧组装

1.2.2.2 综合分析

(1) 根据换流变压器本体油色谱分析结果，直阻、变比测试结果，换流变压器瓦斯未动作，可初步判定换流变本体无异常。

(2) 压力释放阀动作后，由于被信号传动杆卡住无法复归。

(3) 结合分接开关动作时间及视频资料，可判断在分接开关切换过程中油室内产生大量油气，导致压力释放阀动作。

(4) 通过校验装置比对检验，可初步确定压力释放阀因弹簧疲劳，未达到定值即动作。

1.2.3 结论

分接开关切换过程中油室内产生大量油气，压力释放阀弹簧疲劳，未达到定值即动作。压力释放阀动作后，由于被信号传动杆卡住无法复归。

1.3 某换流站换流变压器分接头不一致故障

1.3.1 故障简介

1.3.1.1 故障描述

2016年10月13日22时31分11秒，某换流站双极功率从3000MW降至2750MW的过程中，极Ⅰ高端阀组控制主机报“分接头同步调档失败”“分接头不一致”信号，且极Ⅰ高端YY-A相换流变压器分接头在16档，其余5相均在15档，运行人员当即向国调申请暂停功率升降，功率保持在2974MW。后台报文如表1-8所示。

1.3.1.2 故障前运行情况

该换流站750kV系统和330kV系统为3/2接线，66kV系统为单母线接线，直流双极大地回线方式，功率控制方式为双极功率控制，功率正送，极Ⅰ、极Ⅱ直流滤波器均在运行状态，输送功率2974MW。

表 1-8　　后台报文

时间	主机	系统	等级	报警组	事件
2016-10-13　22：31：11.170	S1P1CCP1	B	正常	换流变压器	极 1　高端换流变压器角接 A　相有载开关调节中　消失
2016-10-13　22：31：11.170	S1P1CCP1	B	正常	换流变压器	极 1　高端换流变压器星接 B　相有载开关操作中　消失
2016-10-13　22：31：11.170	S1P1CCP1	B	正常	换流变压器	极 1　高端换流变压器角接 B　相有载开关调节中　消失
2016-10-13　22：31：11.170	S1P1CCP1	B	正常	换流变压器	极 1　高端换流变压器星接 C　相有载开关操作中　消失
2016-10-13　22：31：11.170	S1P1CCP1	B	正常	换流变压器	极 1　高端换流变压器角接 C　相有载开关调节中　消失
2016-10-13　22：31：11.189	S1P1CCP1	A	正常	换流变压器	极 1　高端换流变压器角接 A　相有载开关调节中　消失
2016-10-13　22：31：11.189	S1P1CCP1	A	正常	换流变压器	极 1　高端换流变压器星接 B　相有载开关操作中　消失
2016-10-13　22：31：11.189	S1P1CCP1	A	正常	换流变压器	极 1　高端换流变压器角接 B　相有载开关调节中　消失
2016-10-13　22：31：11.189	S1P1CCP1	A	正常	换流变压器	极 1　高端换流变压器星接 C　相有载开关操作中　消失
2016-10-13　22：31：11.189	S1P1CCP1	A	正常	换流变压器	极 1　高端换流变压器角接 C　相有载开关调节中　消失
2016-10-13　22：31：11.363	S1P1CCP1	B	正常	换流变压器	分接头角侧 A 相　进入档位　15
2016-10-13　22：31：11.363	S1P1CCP1	B	正常	换流变压器	分接头角侧 B 相　进入档位　15
2016-10-13　22：31：11.382	S1P1CCP1	A	正常	换流变压器	分接头星侧 B 相　进入档位　15
2016-10-13　22：31：11.382	S1P1CCP1	A	正常	换流变压器	分接头星侧 C 相　进入档位　15
2016-10-13　22：31：11.382	S1P1CCP1	A	正常	换流变压器	分接头角侧 A 相　进入档位　15
2016-10-13　22：31：11.382	S1P1CCP1	A	正常	换流变压器	分接头角侧 B 相　进入档位　15

续表

时间	主机	系统	等级	报警组	事　件
2016－10－13　22：31：11.382	S1P1CCP1	A	正常	换流变压器	分接头角侧 C 相　进入档位　15
2016－10－13　22：31：11.411	S1P1CCP1	B	正常	换流变压器	分接头星侧 B 相　进入档位　15
2016－10－13　22：31：11.411	S1P1CCP1	B	正常	换流变压器	分接头星侧 C 相　进入档位　15
2016－10－13　22：31：11.411	S1P1CCP1	B	正常	换流变压器	分接头角侧 C 相　进入档位　15
2016－10－13　22：31：11.603	S1P1CCP1	B	正常	换流变压器	所有分接头　On　位于档位　15
2016－10－13　22：31：11.603	S1P1CCP1	B	轻微	换流变压器	分接头同步调档　失败
2016－10－13　22：31：11.622	S1P1CCP1	A	正常	换流变压器	所有分接头　On　位于档位　15
2016－10－13　22：31：11.622	S1P1CCP1	A	轻微	换流变压器	分接头同步调档　失败
2016－10－13　22：31：11.842	S1P1CCP1	B	正常	换流变压器	极 1　高端换流变压器角接 A　相有载开关调节中　出现
2016－10－13　22：31：11.842	S1P1CCP1	B	正常	换流变压器	极 1　高端换流变压器星接 B　相有载开关操作中　出现
2016－10－13　22：31：11.842	S1P1CCP1	B	正常	换流变压器	极 1　高端换流变压器角接 B　相有载开关调节中　出现
2016－10－13　22：31：11.842	S1P1CCP1	B	正常	换流变压器	极 1　高端换流变压器星接 C　相有载开关操作中　出现
2016－10－13　22：31：11.842	S1P1CCP1	B	正常	换流变压器	极 1　高端换流变压器角接 C　相有载开关调节中　出现
2016－10－13　22：31：11.861	S1P1CCP1	A	正常	换流变压器	极 1　高端换流变压器角接 A　相有载开关调节中　出现
2016－10－13　22：31：11.861	S1P1CCP1	A	正常	换流变压器	极 1　高端换流变压器星接 B　相有载开关操作中　出现
2016－10－13　22：31：11.861	S1P1CCP1	A	正常	换流变压器	极 1　高端换流变压器角接 B　相有载开关调节中　出现

续表

时间	主机	系统	等级	报警组	事件
2016-10-13 22:31:11.861	S1P1CCP1	A	正常	换流变压器	极 1 高端换流变压器星接 C 相有载开关操作中 出现
2016-10-13 22:31:11.861	S1P1CCP1	A	正常	换流变压器	极 1 高端换流变压器角接 C 相有载开关调节中 出现
2016-10-13 22:31:12.102	S1P1CCP1	A	正常	换流变压器	分接头角侧 B 相 On 档位 15
2016-10-13 22:31:12.131	S1P1CCP1	B	正常	换流变压器	分接头星侧 B 相 On 档位 15
2016-10-13 22:31:12.131	S1P1CCP1	B	正常	换流变压器	分接头角侧 A 相 On 档位 15
2016-10-13 22:31:12.131	S1P1CCP1	B	正常	换流变压器	分接头角侧 B 相 On 档位 15
2016-10-13 22:31:12.131	S1P1CCP1	B	正常	换流变压器	分接头角侧 C 相 On 档位 15
2016-10-13 22:31:12.150	S1P1CCP1	A	正常	换流变压器	分接头星侧 B 相 On 档位 15
2016-10-13 22:31:12.150	S1P1CCP1	A	正常	换流变压器	分接头星侧 C 相 On 档位 15
2016-10-13 22:31:12.150	S1P1CCP1	A	正常	换流变压器	分接头角侧 A 相 On 档位 15
2016-10-13 22:31:12.150	S1P1CCP1	A	正常	换流变压器	分接头角侧 C 相 On 档位 15
2016-10-13 22:31:12.179	S1P1CCP1	B	正常	换流变压器	分接头星侧 C 相 On 档位 15
2016-10-13 22:31:15.107	S1P1CCP1	B	报警	换流变压器	分接头 不一致
2016-10-13 22:31:15.126	S1P1CCP1	A	报警	换流变压器	分接头 不一致
2016-10-13 22:31:16.210	S1P1CCP1	B	正常	换流变压器	极 1 高端换流变压器角接 A 相有载开关调节中 消失
2016-10-13 22:31:16.210	S1P1CCP1	B	正常	换流变压器	极 1 高端换流变压器星接 B 相有载开关操作中 消失

续表

时间	主机	系统	等级	报警组	事件
2016－10－13 22：31：16.210	S1P1CCP1	B	正常	换流变压器	极 1 高端换流变压器角接 B 相有载开关调节中 消失
2016－10－13 22：31：16.210	S1P1CCP1	B	正常	换流变压器	极 1 高端换流变压器星接 C 相有载开关操作中 消失
2016－10－13 22：31：16.210	S1P1CCP1	B	正常	换流变压器	极 1 高端换流变压器角接 C 相有载开关调节中 消失
2016－10－13 22：31：16.229	S1P1CCP1	A	正常	换流变压器	极 1 高端换流变压器角接 A 相有载开关调节中 消失
2016－10－13 22：31：16.229	S1P1CCP1	A	正常	换流变压器	极 1 高端换流变压器星接 B 相有载开关操作中 消失
2016－10－13 22：31：16.229	S1P1CCP1	A	正常	换流变压器	极 1 高端换流变压器角接 B 相有载开关调节中 消失
2016－10－13 22：31：16.229	S1P1CCP1	A	正常	换流变压器	极 1 高端换流变压器星接 C 相有载开关操作中 消失
2016－10－13 22：31：16.229	S1P1CCP1	A	正常	换流变压器	极 1 高端换流变压器角接 C 相有载开关调节中 消失
2016－10－13 22：31：16.422	S1P1CCP1	A	正常	换流变压器	分接头角侧 A 相 进入档位 15
2016－10－13 22：31：16.422	S1P1CCP1	A	正常	换流变压器	分接头角侧 B 相 进入档位 15
2016－10－13 22：31：16.451	S1P1CCP1	B	正常	换流变压器	分接头星侧 B 相 进入档位 15
2016－10－13 22：31：16.451	S1P1CCP1	B	正常	换流变压器	分接头星侧 C 相 进入档位 15
2016－10－13 22：31：16.451	S1P1CCP1	B	正常	换流变压器	分接头角侧 A 相 进入档位 15
2016－10－13 22：31：16.451	S1P1CCP1	B	正常	换流变压器	分接头角侧 B 相 进入档位 15
2016－10－13 22：31：16.451	S1P1CCP1	B	正常	换流变压器	分接头角侧 C 相 进入档位 15
2016－10－13 22：31：16.470	S1P1CCP1	A	正常	换流变压器	分接头星侧 B 相 进入档位 15
2016－10－13 22：31：16.470	S1P1CCP1	A	正常	换流变压器	分接头星侧 C 相 进入档位 15
2016－10－13 22：31：16.470	S1P1CCP1	A	正常	换流变压器	分接头角侧 C 相 进入档位 15

1.3.2 故障原因分析及处理

1.3.2.1 现场检查及试验情况

22时31分故障发生后，运行人员立即向国调申请停止功率升降，现场检查发现，极Ⅰ高端YY－A相换流变压器外观正常，调压开关传动杆、齿轮、电机无异常，调压开关机构箱内无明显异常现象，分接开关档位为16档，与后台保持一致。

将极Ⅰ高端YY－A相分接开关控制方式切换为手动，对极Ⅰ高端YY－A相分接开关分别进行遥控和就地降档操作，分接开关不动作。

检修人员对本相分接开关降档回路进行检查，检查发现K2升档继电器K2：21接线端子松动，对其进行紧固后进行就地降档操作，操作成功，分接开关档位降到15档，与其余5相一致，故障消除。

23时40分，运行人员将极Ⅰ高端YY－A相分接开关控制方式切换为手动，向国调汇报故障消除，申请继续进行功率升降操作，于次日0时26分完成后续功率调整工作，降至2500MW，后台无异常报警，分接头均正常动作。

1.3.2.2 综合分析

（1）极Ⅰ高端YY－A相分接开关分接头未动作分析。通过查看报文可知，极Ⅰ高端CCP A/B双系统均报出“分接头调档同步失败”与“分接头 不一致”，因此分接头档位上传信号回路、控制回路、电机回路、分接开关本体机构均有可能故障。

1）现场检查分接头档位为16档，与后台保持一致，且在软件中查询分接头BCD码输入正常，因此基本排除档位上传信号回路问题。

2）现场检查发现，分接开关传动杆、齿轮、电机无明显异常现象，对分接开关进行降档操作时分接开关未动作，且未有异常声响，可初步排除机构卡涩问题。

3）将分接开关电机电源空气开关拉开，对分接开关进行就地降档操作，降档继电器K3未动作；检查分接开关降档回路，在升降控制把手一直在降档的情况下，发现K2升档继电器K2：21接线端子的电位为交流100V左右，且接线头较为松动，对接线头紧固后再次测量，电位恢复至交流220V。将分接开关电机电源空开合上，对其进行降档操作，操作成功，档位降至15档，因此可确认为分接开关操作回路原因。

降档操作回路如图1－28所示，升档继电器动断触点如图1－29所示。

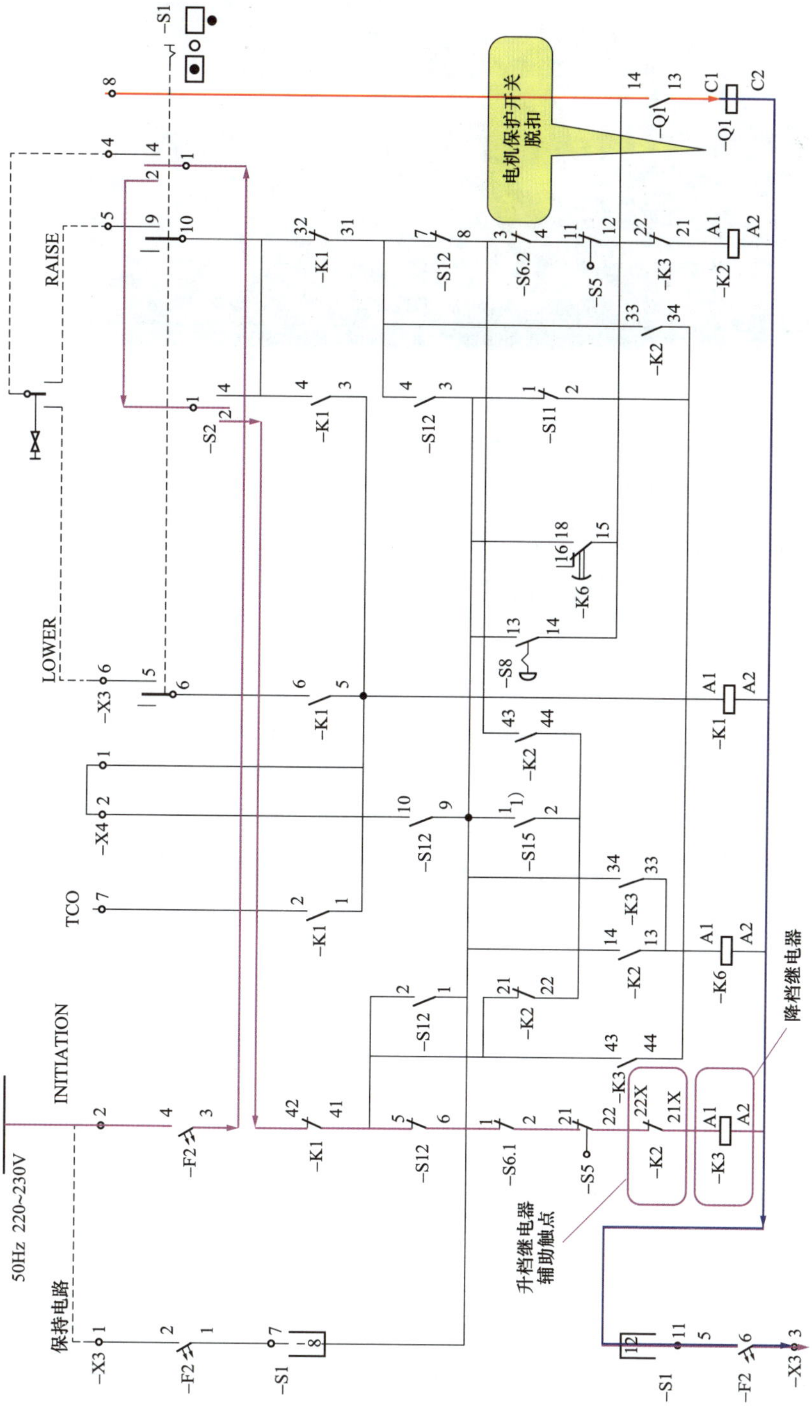

图 1－28 降档操作回路图

图 1-29　升档继电器动断触点

（2）后台报“分接头同步调档失败”分析。由于 YY-A 相分接开关未动作，即没有分接开关调档过程中信号，信号“TCPL1Y_IN_PROGRESS”和“TCP_EQUAL”输入均为 0，经过 RS 触发器同步调档失败，信号“SYNC_STEP_FAIL”输出为 1，即后台报“分接头同步调档失败”信号，如图 1-30 所示。

（3）后台报“分接头　不一致”分析。极 Ⅰ 高端 YY-A 相换流变压器分接头在 16 档，即“TCP_L1Y”信号输出为 16，YY-B 相分接头在 15 档，“TCP_L2Y”信号输出为 15，通过比较器输出为 0，再经取反模块和延时模块输出分接头不一致信号“TC_NOT_SYNC”为 1，即后台报“分接头不一致”信号；同时由于经过一个 3500ms 的延时模块，在“分接头调档失败”信号报出 3.5s 后，后台报出“分接头　不一致”信号，与后台报文保持一致。图 1-31 为“分接头不一致”信号回路图。

1.3.3　结论及建议

1.3.3.1　结论

降档回路中升档继电器辅助触点 K2：21 接线松动，降档回路未导通，导致 YY-A 相换流变压器分接头与其他相不一致，后台报分接头不一致报警。

1.3.3.2　建议

（1）建议对其他换流变压器调档控制回路进行接线检查，接线端子处进行紧固处理。

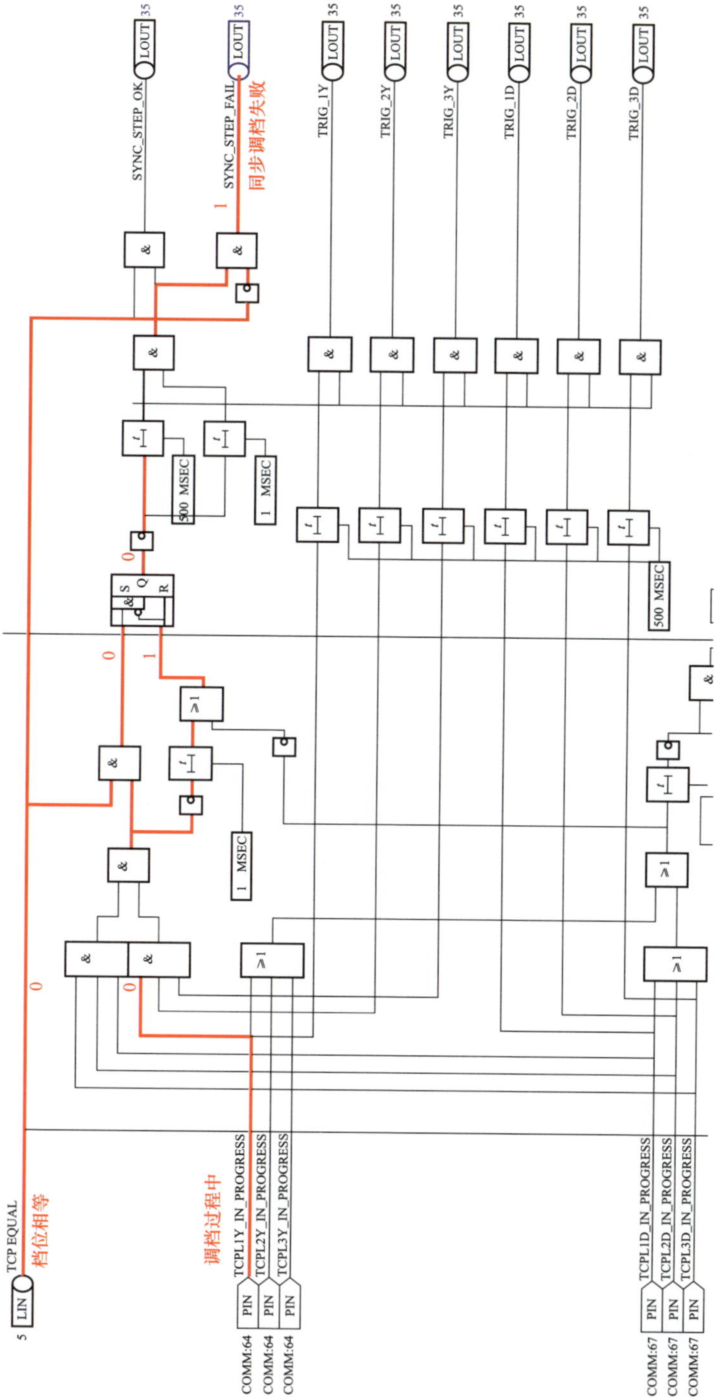

图 1-30 同步调档失败信号回路图

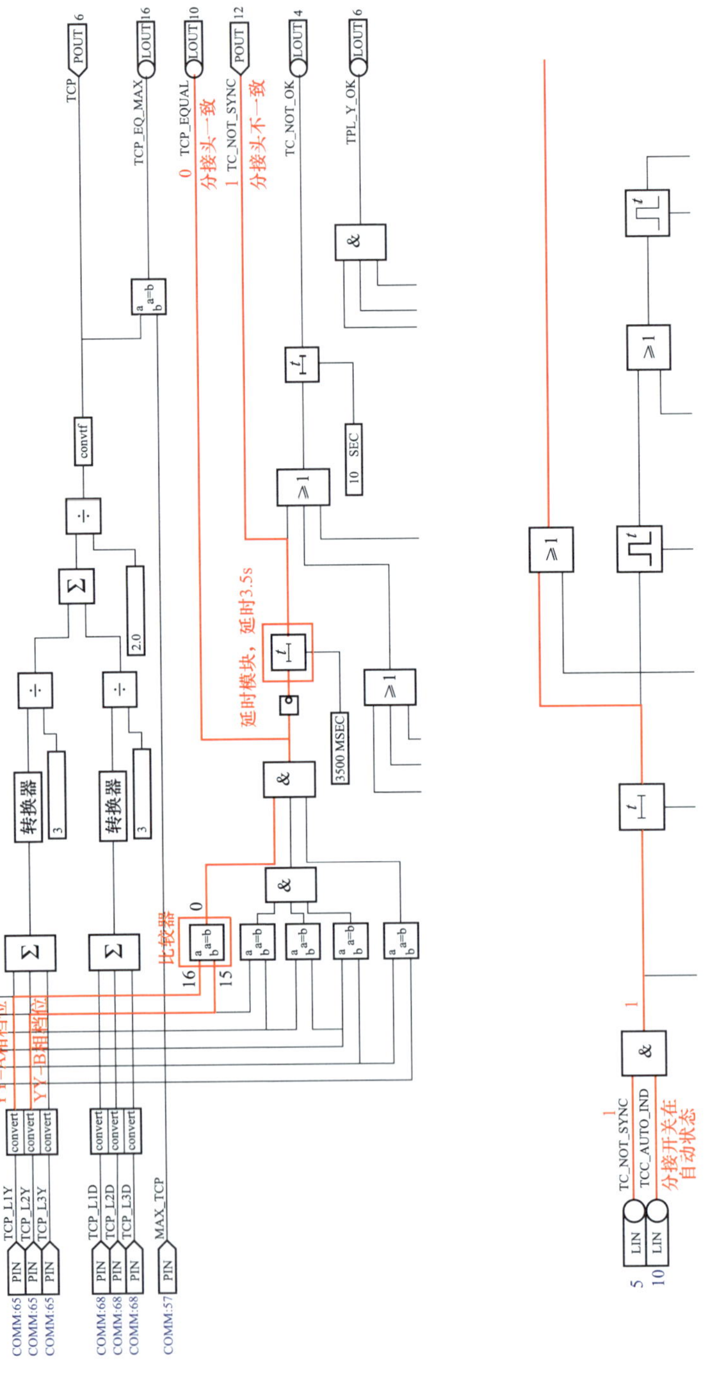

图 1－31 “分接头不一致”信号回路图

（2）对分接开关采取防振措施或者定期对分接开关内部接线端子进行检查，避免由于回路问题导致故障扩大。

（3）在换流变压器分接头档位变化时，运维人员应注意加强监视；发生分接头不一致时，采取合理处理方式，避免因分接头档位的故障引起闭锁。

（4）运维人员需熟练掌握换流变压器分接头相关软件逻辑，出现异常情况时能够清晰判断故障原因，便于事故处理。

2 开关类故障

2.1 某换流站交流滤波器场断路器故障处理

2.1.1 故障简介

2.1.1.1 故障描述

2017年5月27日11时13分25秒，某换流站按照调度曲线下调功率时，无功控制功能自动切除7632（BP11/13）交流滤波器，7632开关三相分位后约100ms，7612（BP11/13）、7632（BP11/13）、7642（BP11/13）1分支和2分支不平衡Ⅲ段均动作跳开7612、7642开关（7632跳闸命令也发出），约370ms第三大组交流滤波器母线差动保护动作跳开75A2、75A3开关，直流控制系统因绝对最小滤波器不满足，自动投入7622交流滤波器，并回降直流功率至1700MW。

2.1.1.2 设备故障信息

该换流站750kV交流滤波器场7632断路器为SF_6罐式断路器，型号为LW56－800，2016年8月24日投运，额定电压为800kV，额定电流为5000A，额定短时耐受电流为63kA。合闸电阻为AB410－14R28±5%型，电阻值为1500Ω。均压电容器为CDOR2648B10型，电容量为（2000±40）pF。原理图如图2－1所示。

2.1.1.3 故障前运行情况

当日天气晴朗，环境温度29℃，微风。故障发生前，直流系统运行方式为双极四阀组运行，功率4034MW，极Ⅰ、极Ⅱ直流滤波器均在运行状态，无功控制方式为自动控制。故障前，750kV交流滤波器7612、7614、7623、7624、

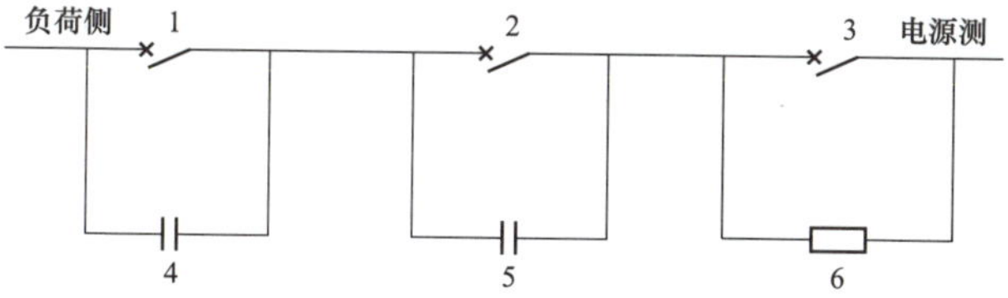

图 2-1 设备原理图

1—主断口；2—主断口；3—合闸电阻端口；4、5—并联电容；6—合闸电阻

7632、7633、7642 小组交流滤波器运行，其他均为热备用。

2.1.2 故障原因分析

2.1.2.1 现场检查及试验分析

（1）保护装置检查。第三大组交流滤波器母线差动保护最大差流达到 40.79kA，超过动作定值，保护正确动作。

（2）现场设备检查。现场对交流进线 GIS 设备检查，未发现异常；对交流滤波器场设备检查时，发现 7632 断路器 C 相机构接地铜排与支架处存在放电痕迹，如图 2-2 所示。

图 2-2 断路器接地放电痕迹

测试 7632 断路器灭弧室的气体湿度、纯度、分解产物，A、B 相未见异常，

C 相一氧化碳、二氧化硫均超注意值（CO：221μL/L，SO_2：590μL/L）。

(3) 断路器开盖检查。现场打开罐体手孔盖，罐体内部存在大量白色粉末，罐体下部散落合闸电阻碎片，主断口绝缘筒表面存在树枝状放电痕迹，如图 2－3～图 2－6 所示，需返厂解体进一步分析确认断路器内部故障原因。

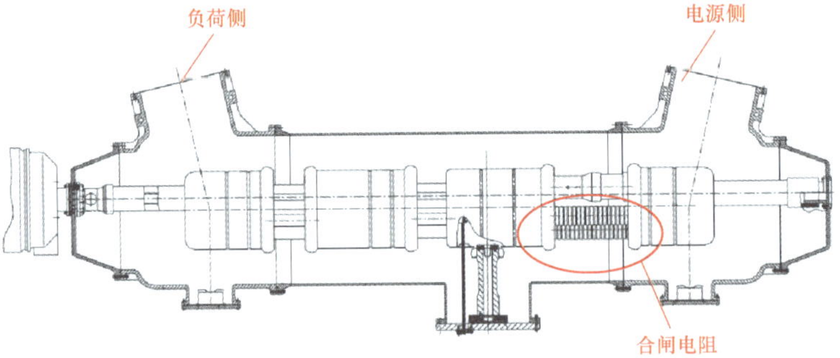

图 2－3　断路器合闸电阻位置

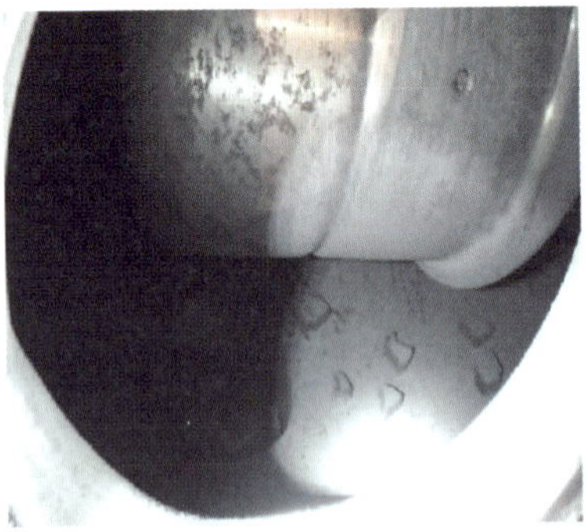
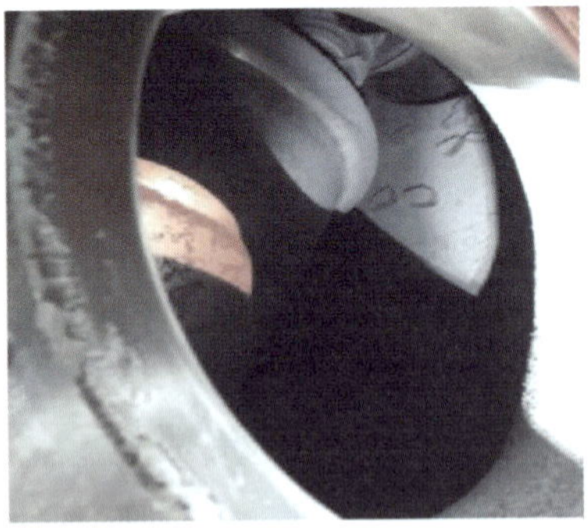

图 2－4　断路器罐体内部白色粉末及碎片

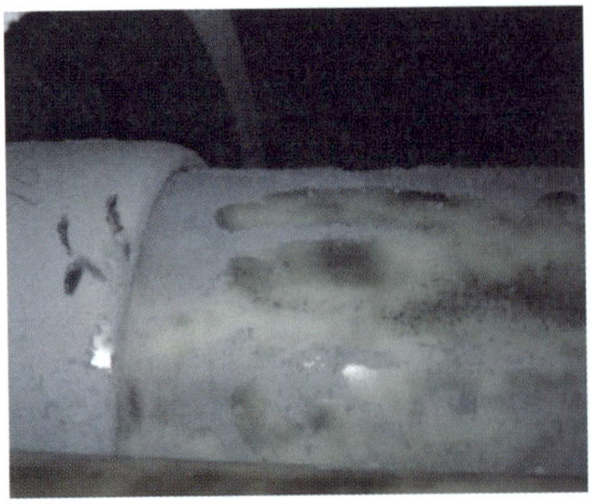

图 2－5　罐体内部检查照片

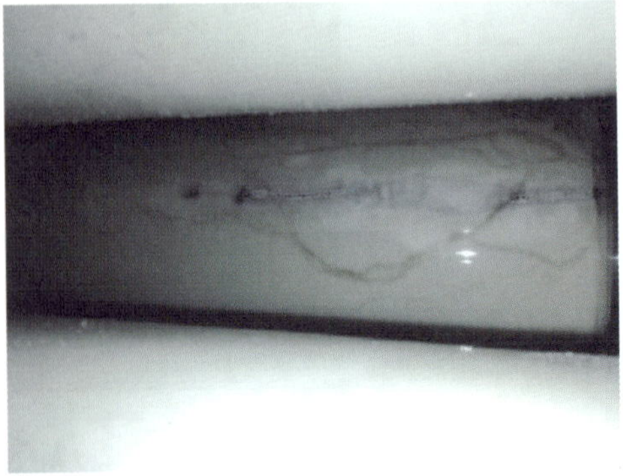

图 2－6　主断口绝缘筒表面树枝状放电痕迹

2.1.2.2 故障初步原因分析

（1）综合分析现场试验结果、保护动作报告及录波文件，判断 7632 断路器灭弧室内部存在放电故障。

（2）经查阅可研初设文件，该换流站“交流滤波和并联电容器回路的电容器装设合闸电阻或选相合闸装置，限制合闸涌流，降低投切操作对系统的扰动”，技术规范书对断路器的主要参数中规定了可以选择“合闸电阻或选相合闸装置”，设备生产厂家选择使用“合闸电阻”，同时断路器合闸电阻的响应值为 600Ω，断路器合闸时间偏差 1ms，如表 2－1 和表 2－2 所示。

表 2－1　断路器选相合闸参数响应

	准确级	单位	TRY	TRY
绕组 6	额定电流比	A	2000/1	2000/1
	额定负荷	VA	15	15
	准确级		TRY	TPY
对于 TRY 绕组的要求	K_{SSC}		20	20
	时间常数	ms	100	100
	直流分量偏磁		100%	100%
断路器合闸时间偏差（与选相合闸装置配合）		ms	1	1

表 2－2　断路器合闸电阻（如有）响应

参数	要　求	
电阻值（Ω）	≤600	600
电阻值允许偏差	±5%	±5%
预投入时间（ms）	8～11	8～11
热容量	1.3×800$\sqrt{3}$kV 下合闸操作 4 次，头两次操作间隔为 3min，后两次操作间隔也是 3min，两组操作之间时间间隔不大于 30min；或在 2×800$\sqrt{3}$kV 下合闸操作 2 次，时间间隔为 30min	1.3×800$\sqrt{3}$kV 下合闸操作 4 次，头两次操作间隔为 3min，后两次操作间隔也是 3min，两组操作之间时间间隔不大于 30min；或在 2×800$\sqrt{3}$kV 下合闸操作 2 次，时间间隔为 30min

（3）2015 年 1 月 22 日，针对 800kV 罐式断路器选相合闸装置，要求生产

厂家进行选相合闸装置方案的可行性验证和断路器与选相合闸装置的联合模拟试验。

(4) 2015 年 7 月 15 日，800kV 罐式断路器选相合闸装置专题讨论会上明确，鉴于在运直流工程中，采用选相合闸装置的液压弹簧机构断路器合闸时间分散性较大，断路器触头存在严重烧蚀现象，选相合闸技术方案尚需完善，同时，由该厂家供货的 800kV 罐式断路器液压弹簧机构操作功大，运行环境条件严酷，保证合闸时间稳定性难度较大，且会议召开前，该生产厂家提供的试验数据尚不足以保证采用选相合闸的可靠性。会议决定，维持原合闸电阻技术方案，且合闸电阻定为 1500Ω。

按照会议要求，该生产厂家紧急采购了规格为 1500Ω 的合闸电阻，对已装配完成的断路器分解后重新装配合闸电阻，但未提供该参数型式试验报告，所提供型式试验报告为装配 600Ω 合闸电阻的断路器型式试验报告。

(5) 2015 年 11 月 8 日，监造人员发现“均压电容外表面有突出的小点或划痕和白痕，经进一步检查还发现电容器表面疑似有微气泡”，如图 2-7 所示。国网物资公司及监造单位组织专家在车间内检查，确认为质量问题，最终更换了 192 支（共 384 支）存在问题的均压电容。

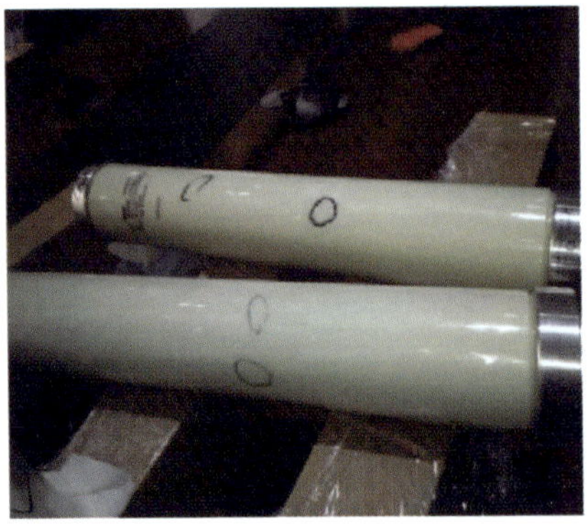

图 2-7　对均压电容疑似存在空隙的部位切开后用灯光检查

此外，厂内装配时，还发生了因吊装失误，工号 008B 断路器套管导电杆与灭弧室内部碰撞，导致电阻片损坏的事件。

2.1.2.3　后续处理情况

(1) 处理方案。针对断路器故障情况，现场制定了整体替换故障断路器方案。由生产厂家提供备件运往现场进行更换，现场回收气体，开盖检查，确认套管工况。

（2）现场处理进度。

1）2017 年 5 月 28 日 24 时，完成故障相气体回收工作。

2）2017 年 5 月 29 日 15 时，完成连接管母及均压环拆除，进行开盖检查。

3）2017 年 5 月 30 日 17 时，新东北公司工装及专用工具到达现场后，完成套管及本体拆除工作。

4）2017 年 5 月 30 日，新断路器罐体到达现场就位。

5）2017 年 5 月 31 日，新套管到达现场后进行安装及气室抽真空。

2.1.3 结论及建议

2.1.3.1 结论

综合分析现场试验结果、保护动作报告及录波文件，判断 7632 断路器灭弧室内部存在放电故障。随后经过查阅该型号断路器的可研初设文件及现场监造报告等相关资料，决定维持原合闸电阻技术方案，且合闸电阻定为 1500Ω。

2.1.3.2 建议

将故障断路器返厂解体，深入分析故障原因，制定反事故措施，对现场 48 台断路器进行状态评估，落实反事故措施进行整改；同时建议生产厂家对同批次的断路器延长质保期；为缩短断路器故障后抢修周期，由生产厂家免费提供 2 台同型号断路器存放现场备用。

2.2 某换流站 7632 断路器 C 相故障处理

2.2.1 故障简介

2.2.1.1 故障描述

2018 年 12 月 31 日 21 时 19 分 20 秒，在 U 或 Q 控制模式正常投入 7632 小组交流滤波器后，运行人员查看故障录波发现 7632 断路器 C 相合闸波形存在明显异常，合闸电阻抑制合闸涌流作用不明显，该波形与 2017 年 5 月 27 日断路器闪络事件发生前波形存在类似现象，为防止闪络事件再次发生，现场将断路器进行隔离。该断路器自 6 月 6 日故障更换后，6 月 14 日首次投入时合闸波形正常，截至 12 月 31 日，共计动作 85 次，除第 85 次合闸波形异常外，其余分合闸波形均正常。本次异常未影响直流功率外送。

2.2.1.2 故障设备信息

该换流站 750kV 交流滤波器场 7632 断路器型号为 LW56－800，该断路器为 2018 年 6 月 6 日 7632 断路器 C 相故障后新更换的断路器，2018 年 6 月 14 日投运，额定电压为 800kV，额定电流为 5000A，额定短路开断电流为 63kA。该断路器配合闸电阻为 AB410－14R28±5%型，电阻值为 1500Ω，其断口均压电容为 CDOR2648B10 型，电容量为（2000±40）pF。

2.2.1.3 故障前运行情况

根据厂家技术文件，正常情况下，断路器合闸电阻预投入时间为 8～11ms。经查看故障录波发现，7632 断路器 A 相合闸涌流抑制时间为 13ms，B 相抑制时间为 8.4ms，而 C 相抑制时间为 0ms，与 A、B 相合闸电流相比无平滑抑制阶段，出现明显的振荡，其合闸电阻未起作用。对比故障录波器录波和保护录波，发现保护录波存在失真现象，故障录波器 50kHz 采样录波效果较好，如图 2－8 和图 2－9 所示。

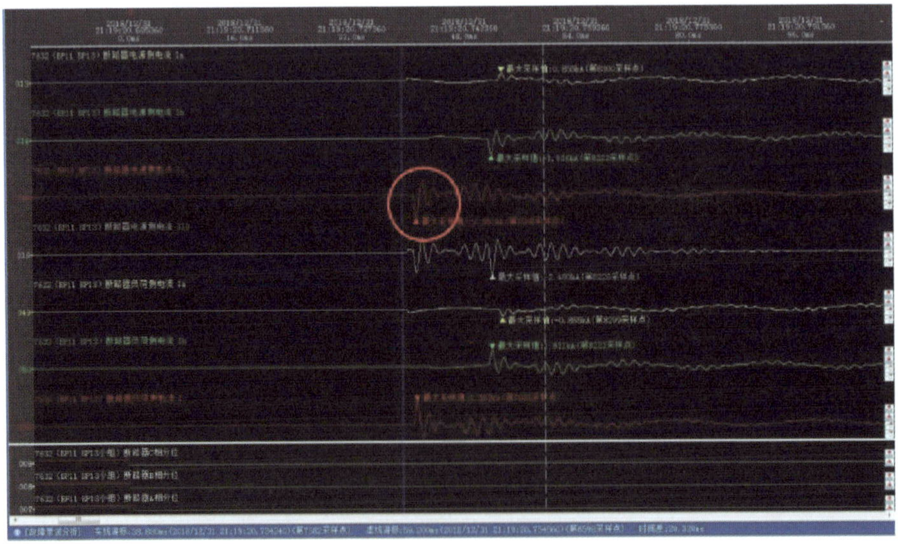

图 2－8　2018 年 12 月 31 日 7632 断路器 C 相合闸时异常波形（录波器录波）

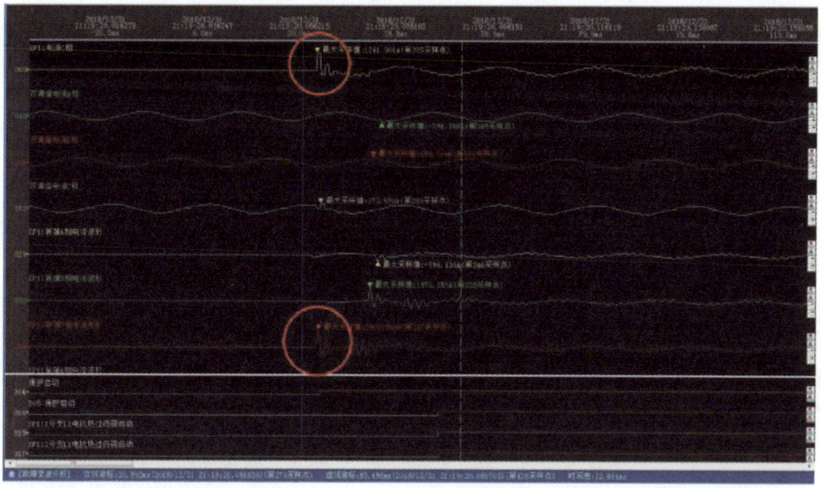

图 2-9 2018 年 12 月 31 日 7632 断路器 C 相合闸时异常波形（保护录波）

将该断路器异常电流波形与 2017 年 5 月 27 日断路器闪络事件发生前波形对比，存在明显类似特征，均在合闸电阻抑制阶段电流波形出现明显振荡，初步判断该断路器存在重大安全隐患。波形如图 2-10 所示。

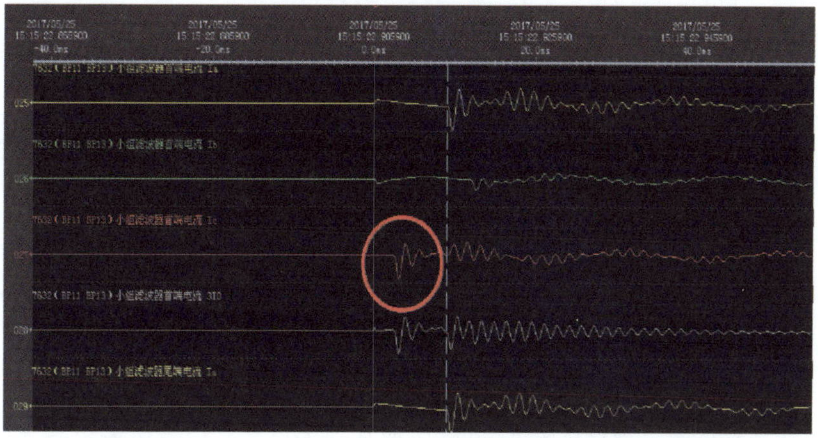

图 2-10 2017 年 5 月 25 日 7632 断路器 C 相合闸时异常波形

2.2.2 故障原因分析

2.2.2.1 现场检查及试验分析

在交流滤波器断路器在线诊断分析系统中，2018 年 12 月 31 日 7632 断路器异常波形诊断结果显示：A相、C相合闸涌流都是无效的，如表2-3所示。合闸涌流有效判据是采用小波计算方法，由于小波检测周期较短，7632断路器A相合闸涌流被检测出无效，联系研发人员将小波检测周期增大后，可检测出7632断路器C相失效，而A相、B相均有效，且A相涌流时间较长。其原因为：按照合闸涌流正常范围为8～11ms的要求，在求涌流是否有效的算法中，只判定600个采样点，约12ms，但是A相的涌流采样点数为660，时长为13ms，所以算法判定为无效。优化方法为：算法中，判定涌流的采样点扩大为1000，时长约20ms，如果超出，按无效处理，实时监视界面提出报警。

表2-3　7632断路器在线诊断分析结果

序号	断路器名称	断路器动作时间	涌流电器有效（涌流时长）	涌流开始时间
1	7632（BP11 BP13小组）断路器A相分位	2018-12-31 21：19 20.695	否	
2	7632（BP11 BP13小组）断路器A相分位	2018-12-31 21：19 20.694	是（8ms）	2018-12-31 21：19：20
3	7632（BP11 BP13小组）断路器A相分位	2018-12-31 21：19 20.694	否	
4	7632（BP11 BP13小组）断路器A相分位	2018-12-31 21：19 20.695	是（13ms）	2018-12-31 21：19：20
5	7632（BP11 BP13小组）断路器A相分位	2018-12-31 21：19 20.694	是	2018-12-31 21：19：20
6	7632（BP11 BP13小组）断路器A相分位	2018-12-31 21：19 20.694	否	

2.2.2.2　现场检查处理情况

（1）外观检查。现场检查7632断路器外观无异常，气室压力正常，外部及接地引下线部位没有发现明显的放电点，周围环境无异物、无烧蚀放电后的异常气味，一次设备无明显异常。对围栏内一次设备本体及外观进行检查，未发现异常。

（2）气体成分检测。对7632断路器C相气室进行SF_6气体分解物检测，检测数据如表2-4所示。气体含量各项指标均为0，检测结果合格，说明断路器内部未发生放电故障。

表 2-4 SF_6 气体分解物检测结果 (μL/L)

序号	检测成分	检测数据	检测结果
1	SO_2	0	合格
2	H_2S	0	合格
3	CO	0	合格
4	HF	0	合格

(3) 现场处理情况。结合故障录波情况及现场检查情况，运维人员向国调申请将 7632 小组交流滤波器转检修，其断路器本身保持现有合闸状态，并协调生产厂家提供断路器备件，厂家到该换流站后再开展断路器分、合闸检查及相关试验。

(4) 7632 断路器历次故障统计。7632 断路器 C 相故障情况统计如表 2-5 所示，历次故障详细分析报告详见各附件。经统计，自 7632 断路器 C 相投运以来，共计发生 4 次严重及以上故障，其中 3 次为合闸电阻故障，1 次为分闸换向阀故障。

表 2-5 7632 断路器故障情况统计

序号	故障时间	故障情况	故障处理及断路器更换
1	2017 年 5 月 27 日 11 时 13 分	7632 断路器 C 相灭弧室绝缘筒内部击穿放电	生产厂家调用其他站断路器进行更换
2	2018 年 2 月 12 日 22 时 32 分	7632 断路器 C 相合闸波形异常	生产厂家对返修断路器进行更换
3	2018 年 6 月 6 日 7 时 26 分	7632 断路器 C 相合闸不成功，本体三相不一致保护动作	现场将 7631 断路器 C 相拆除后移至 7632 断路器 C 相
4	2018 年 12 月 31 日 21 时 19 分	7632 断路器 C 相合闸波形异常	协调生产厂家提供新断路器备件

(5) 7632 交流滤波器设备参数。针对 2018 年 2 月 12 日 7632 断路器 C 相故障，国网经济技术研究院直流中心搭建仿真试验平台，研究了交流滤波器元器件参数变化对断路器合闸涌流的影响。试验初步得出以下结论：

1) 电阻器、电抗器参数偏移对合闸涌流幅值基本无影响。

2) 电容器参数偏移对合闸涌流幅值影响较小。

3) 交流小组滤波器连接线路电感越小，合闸涌流幅值越大，合闸电阻断口电压越大。当交流小组滤波器连接线路电感为零时，合闸涌流幅值最大为 2.16kA，合闸电阻断口电压最大为 395.1kV，但未超过标准要求值。

4) BP11/13 小组滤波器合闸涌流幅值变化与合闸电阻相关性较大。仿真试验通过拟合合闸过程合闸电阻的阻值变化，初步再现了合闸期间的故障过程，怀疑故障原因为合闸电阻发生击穿，阻值畸变，导致合闸涌流出现明显振荡。

2.2.3 结论及建议

2.2.3.1 结论

运行人员查看故障录波发现，7632 断路器 C 相合闸波形存在明显异常，合闸电阻抑制合闸涌流作用不明显，在合闸电阻抑制阶段电流波形出现明显振荡，为防止闪络事件的发生，协调生产厂家提供断路器备件，2019 年 1 月 7 日对该断路器进行更换。

2.2.3.2 建议

（1）继续加强监视，认真检查分析交流滤波器投切波形，发现问题及时跟踪处理。

（2）跟踪断路器备件到货及返厂解体检查情况，做好现场断路器试验及备件更换准备工作。

（3）建议组织深入分析研究 7632 断路器 C 相频繁故障深层次原因。

（4）继续跟踪 ABB 断路器生产及替换进度。

2.3 某换流站 7642 交流滤波器合闸波形异常分析

2.3.1 故障简介

某换流站运行人员在每次交流滤波器投入和退出后，都会及时查看故障录波，以尽早发现设备异常情况。2018 年 6 月 3 日 16 时 15 分，在投入 7642 小组交流滤波器后，运行人员查看故障录波时发现，7642 小组交流滤波器 BP11 分支 C 相不平衡电流存在明显异常。向前追溯发现，在 5 月 29 日投入 7642 小组交流滤波器时，BP11 分支 C 相不平衡电流就已存在明显异常，再往前追溯，合闸波形均正常。

2.3.2 故障原因分析

（1）异常不平衡电流波形。通过查看故障录波，7642 交流滤波器在 5 月 29 日和 6 月 3 日投入运行时，BP11 分支 C 相不平衡电流均存在脉冲式电流，BP11 分支 A、B 相及 BP13 分支三相不平衡电流均正常。除断路器合闸后合闸退出时脉冲式电流连续出现，其余时刻脉冲式电流基本都出现在电压峰值时刻。经对比分析，5 月 29 日与 6 月 3 日两次合闸的波形脉冲式电流间歇性出现消失的持续时间和最大不平衡电流瞬时值存在差异，并呈现出加剧趋势，如图 2－15～图 2－18 所示。5 月 29 日持续时间在 17s 左右，最大不平衡电流瞬时值为 0.266A；6 月 3 日持续时间高达 80s，最大不平衡电流瞬时值达到了 0.515A，向前追溯，7642 交流滤波器合闸波形均正常，如图 2－11～图 2－14 所示。

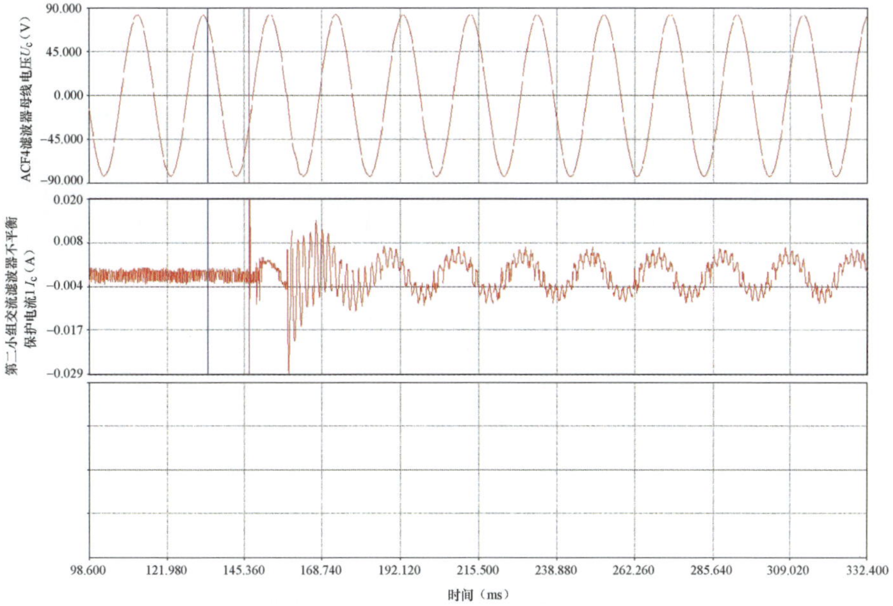

图 2－11　5 月 21 日 16 时 15 分正常合闸波形

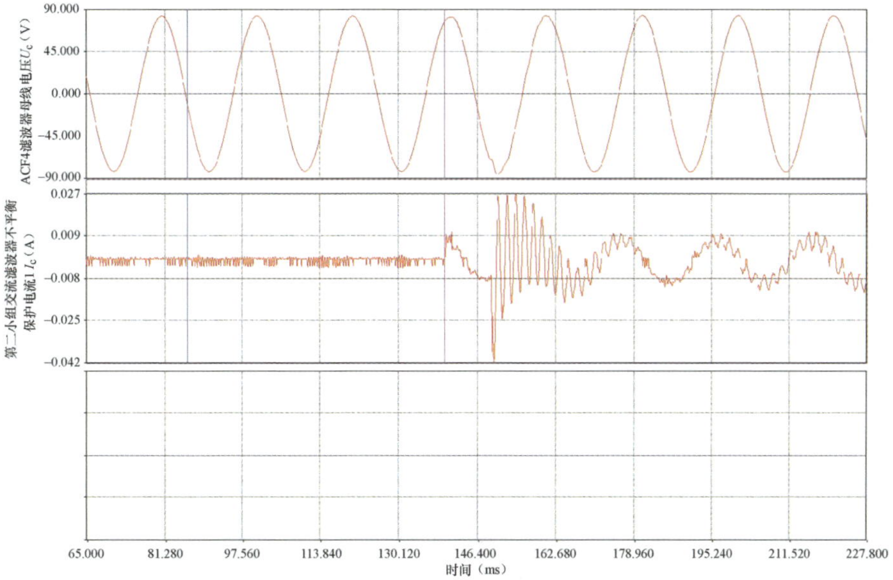

图 2－12　5 月 26 日 16 时 12 分正常合闸波形

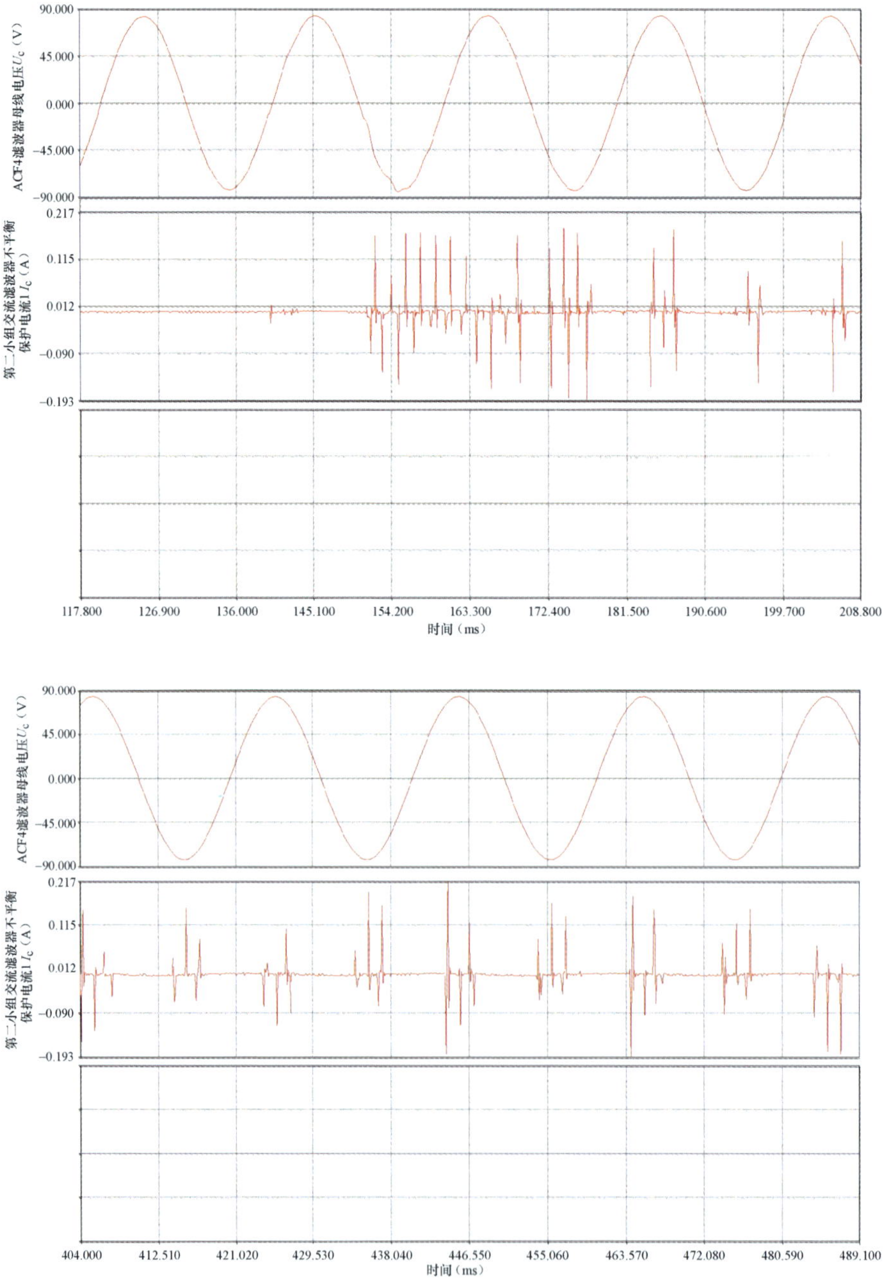

图 2-13　6 月 3 日 16 时 15 分异常合闸波形

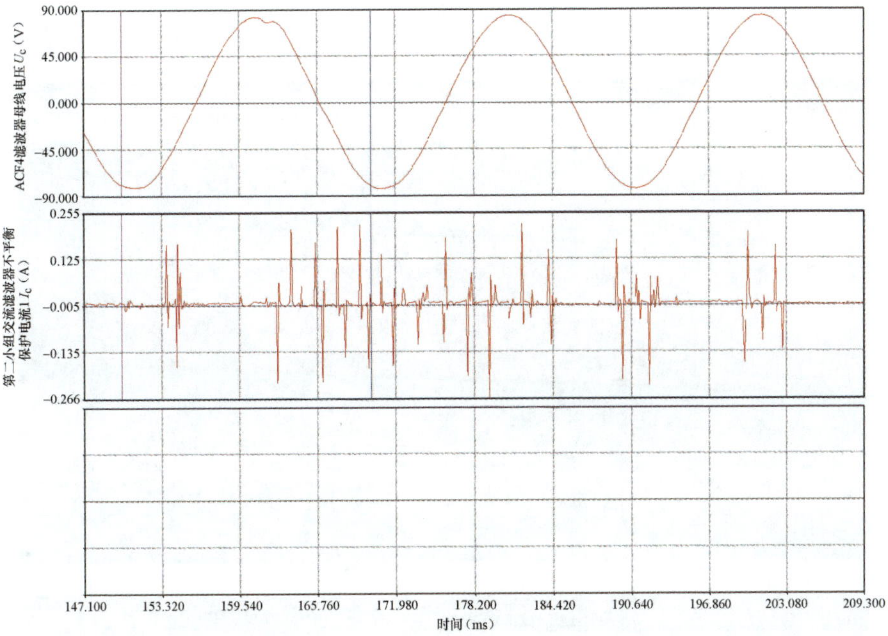

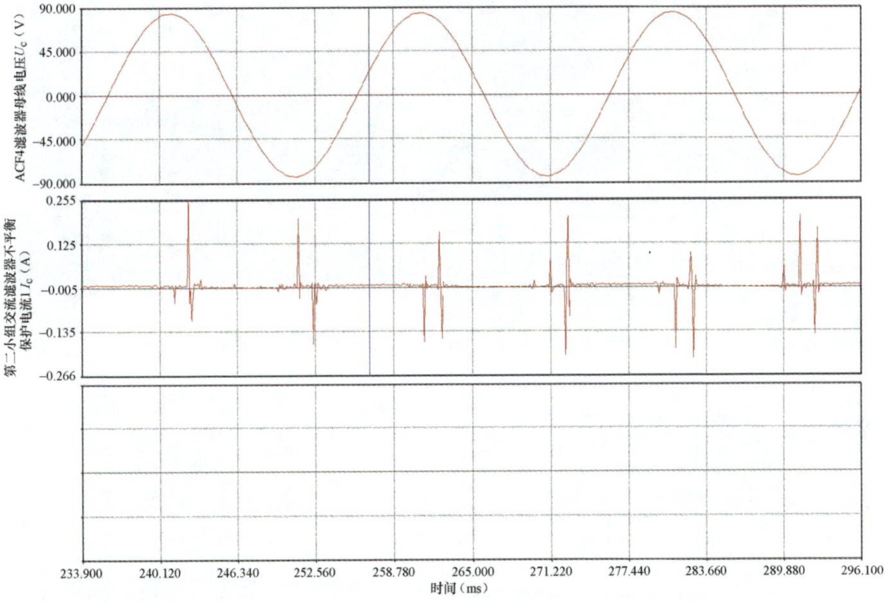

图 2－14　5 月 29 日 14 时 27 分异常合闸波形

（2）异常断路器合闸电流波形。通过观察断路器合闸电流波形，发现 7642 断路器 C 相在 5 月 21 日和 6 月 3 日合闸时合闸电阻抑制合闸涌流的时间较 A 相和 B 相短 3～4ms。5 月 29 日断路器的合闸波形显示，A 相与其他两相相比，抑制合闸涌流时间缩短 3～4ms，但 5 月 26 日，断路器三相合闸时，合闸电阻抑制合闸涌流的时间相差较小，如图 2－15 所示。

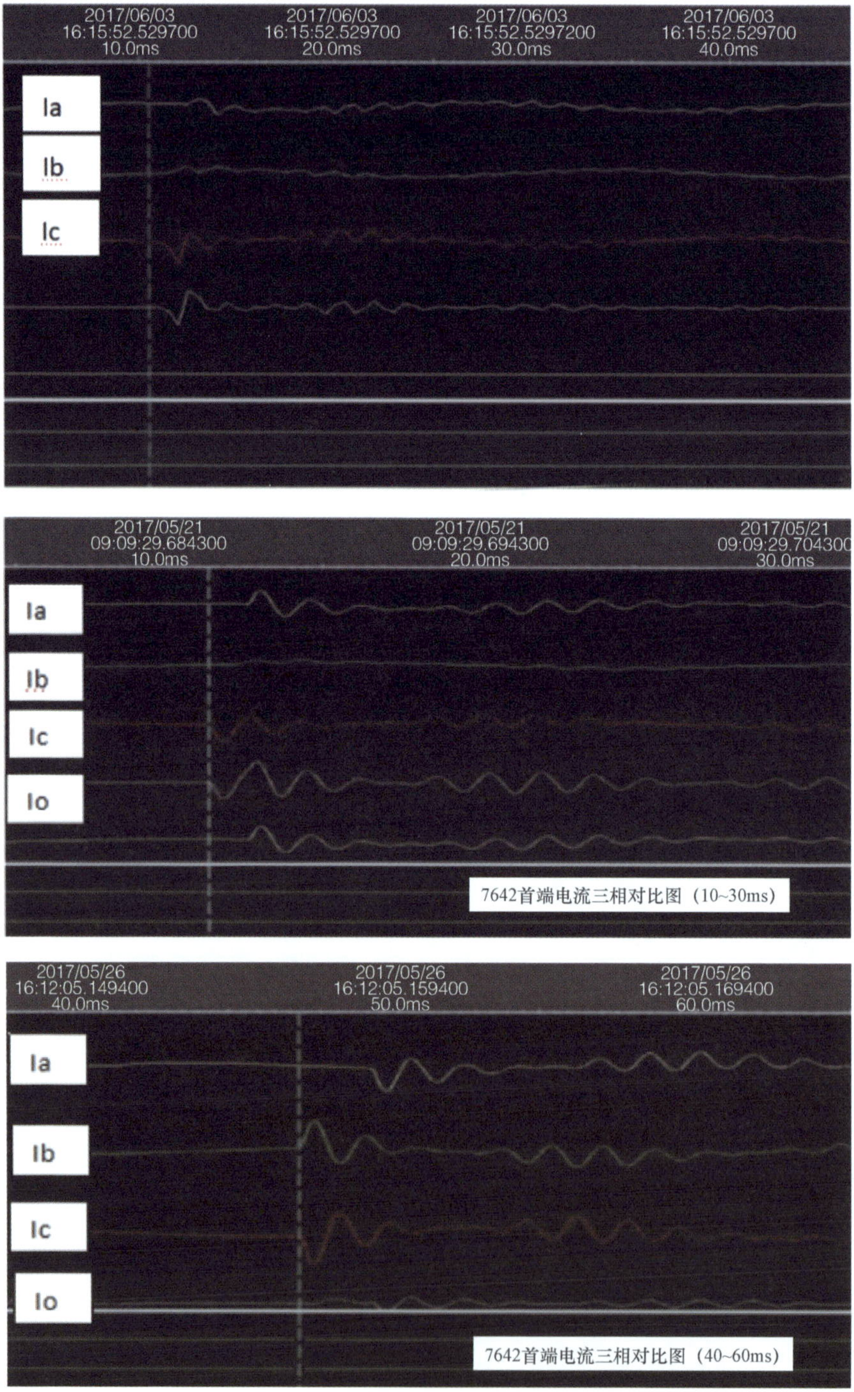

图 2－15　7642 断路器 C 相合闸电阻抑制合闸涌流时间对比图（一）

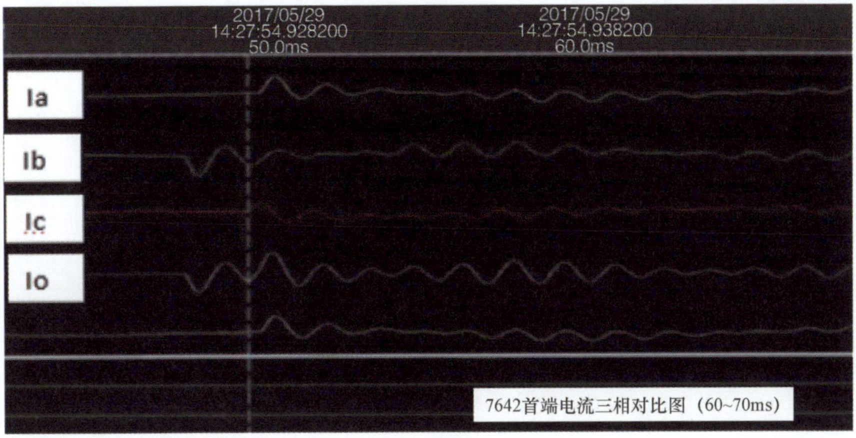

图 2-15　7642 断路器 C 相合闸电阻抑制合闸涌流时间对比图（二）

（3）断路器更换后波形分析。从 7642 断路器 C 相更换后三次充电合闸波形图中可以看出，合闸电阻抑制合闸涌流时间均为 8～12ms，且每次断路器分合闸后均未出现尖峰脉冲式电流，说明更换断路器后之前存在的潜在隐患消除，如图 2-16～图 2-21 所示。

2.3.3　结论及建议

2.3.3.1　结论

7642 交流滤波器 BP11 分支 C 相不平衡电流存在明显异常且呈加剧趋势，且断路器 C 相合闸电阻抑制合闸涌流的时间较其他两相较短的现象，说明断路器三相的机械特性在一定程度上存在差异，现场与设备厂家技术人员进行了深入分析，判断断路器可能存在潜在缺陷，认为有必要对设备进行详细检查，制定了在 2018 年 9 月年度检修期间对 7642 C 相断路器进行更换并返厂检查的工作计划。

2.3.3.2　建议

建议积极与设备厂家积极沟通，密切关注返厂断路器的检查工作，排查是否存在家族性缺陷。

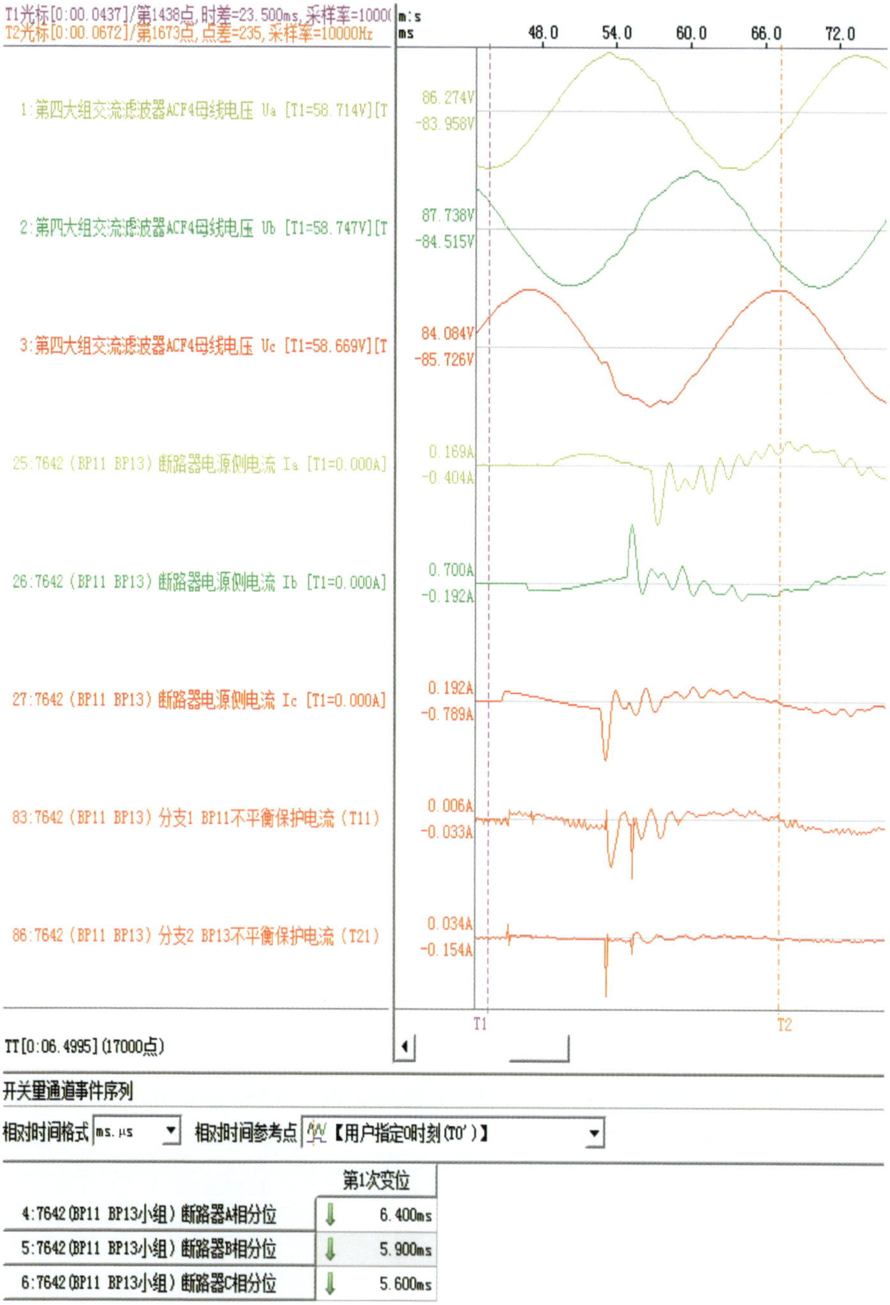

图 2-16　第一次充电合闸波形（更换后）

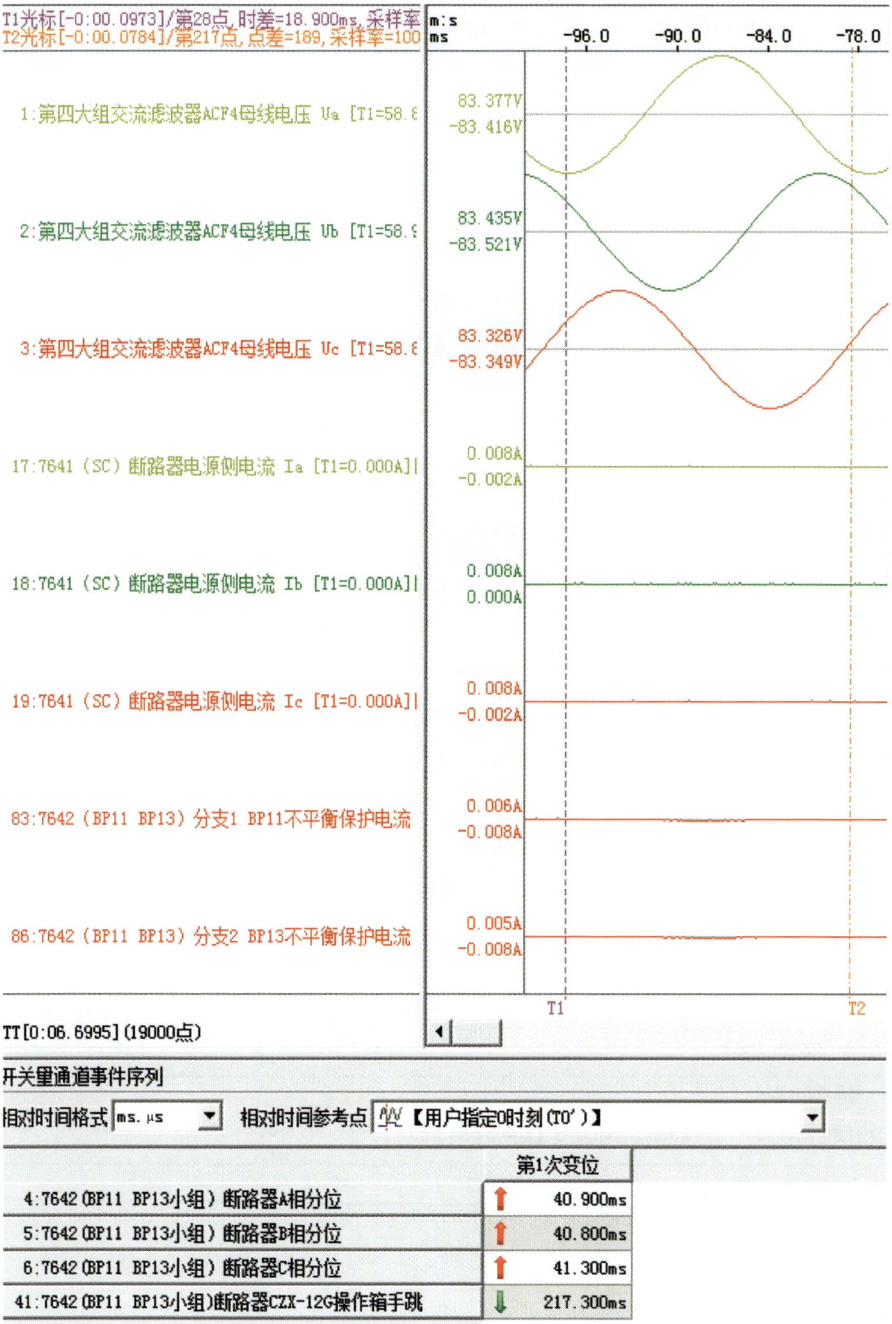

图 2-17　第一次充电分闸波形（更换后）

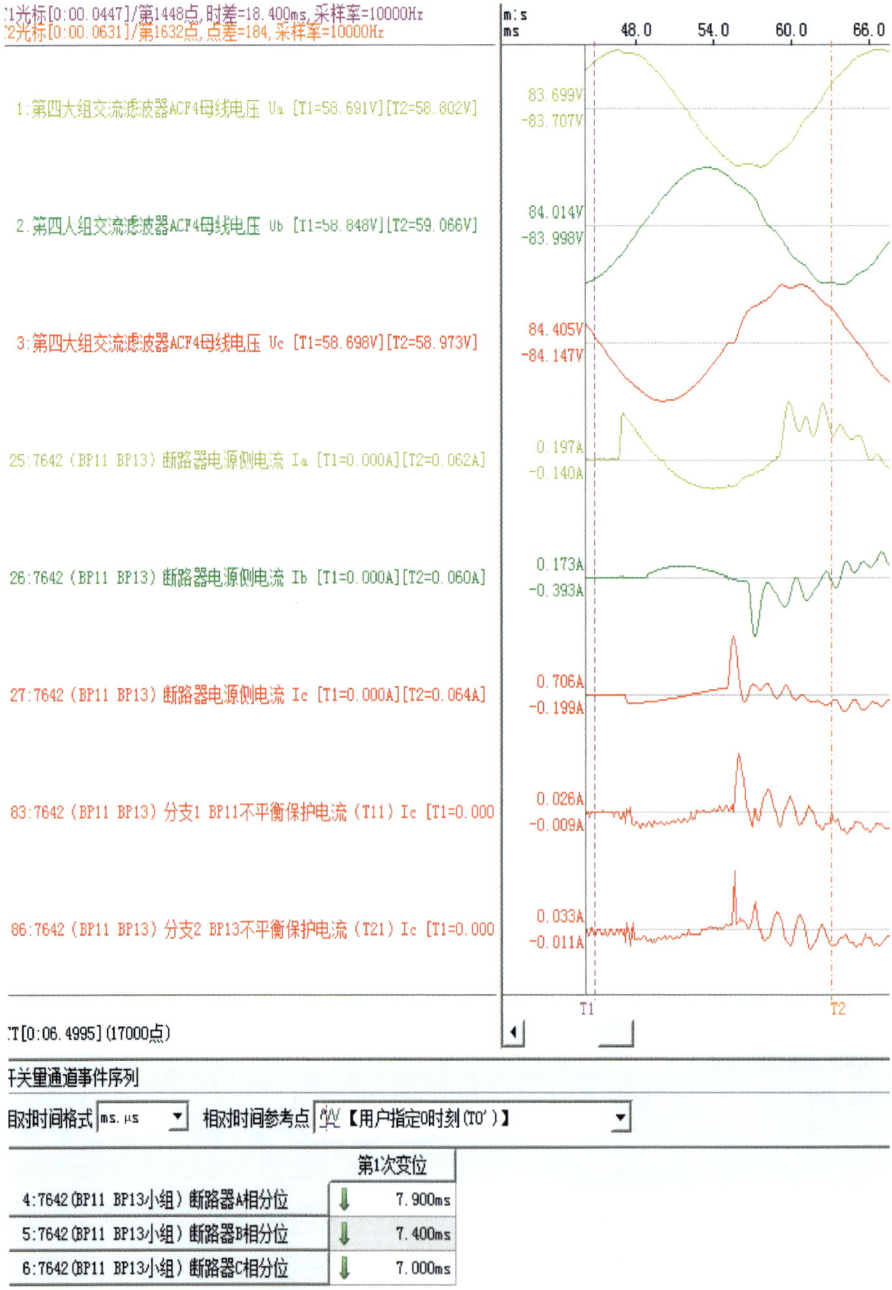

图 2-18　第二次充电合闸波形（更换后）

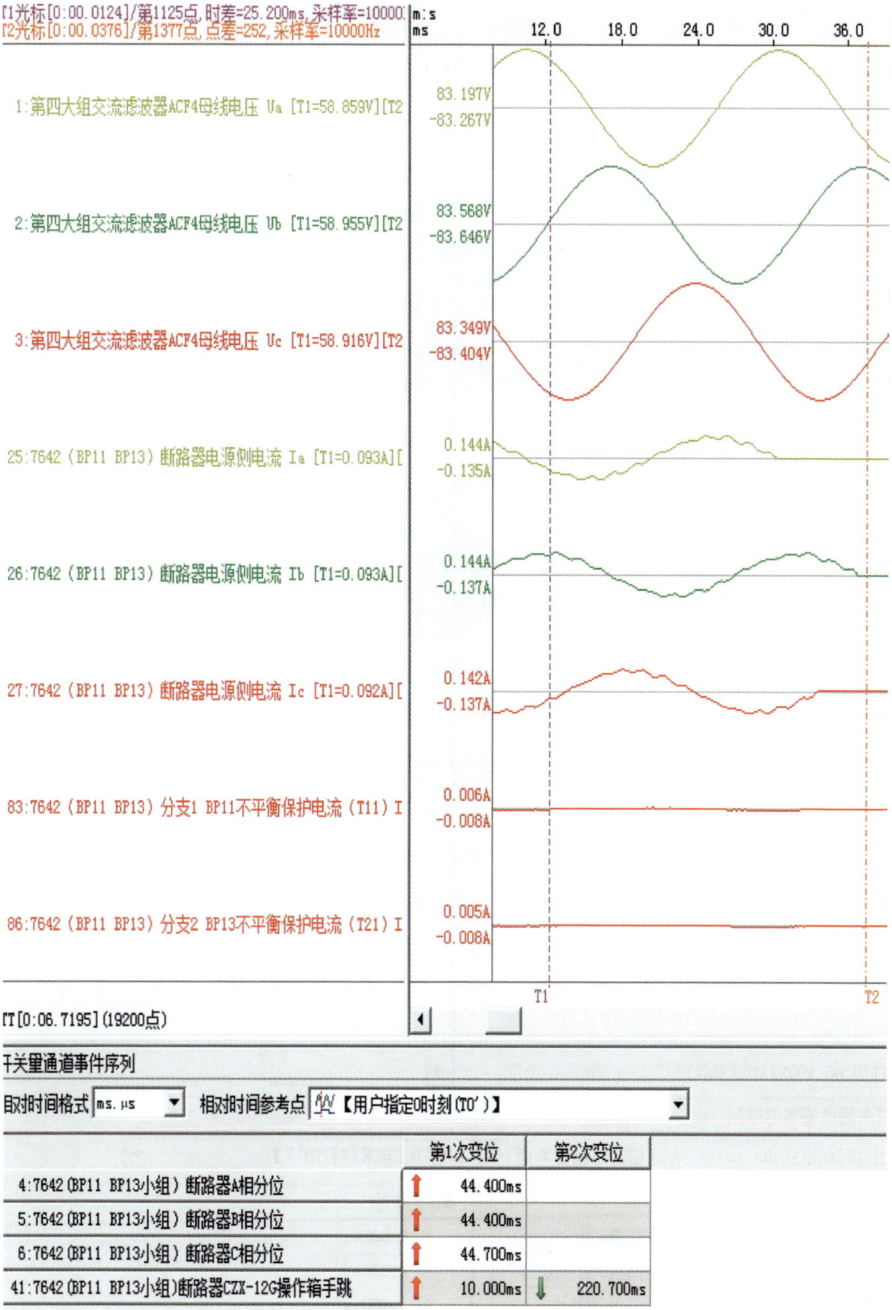

图 2-19　第二次充电分闸波形（更换后）

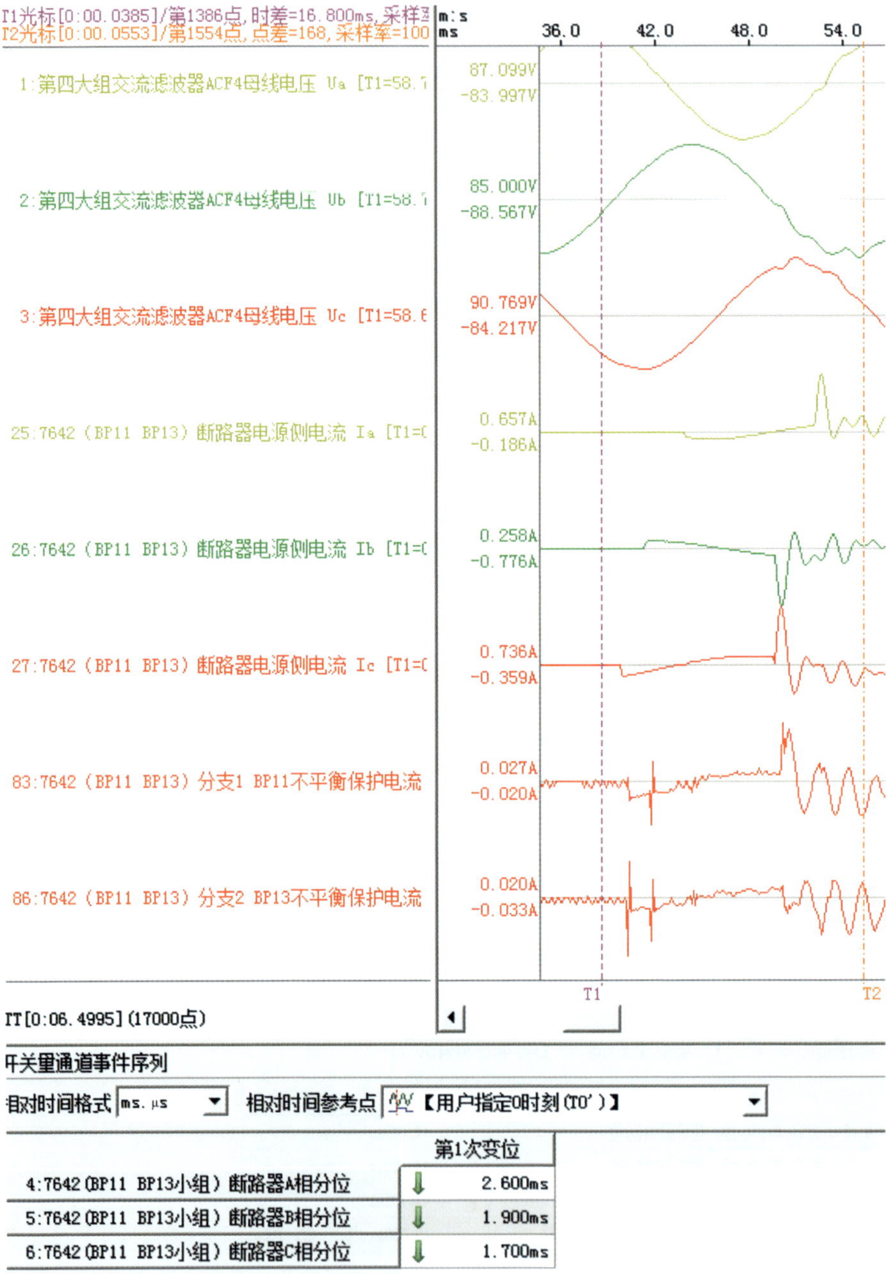

图 2-20　第三次充电合闸波形（更换后）

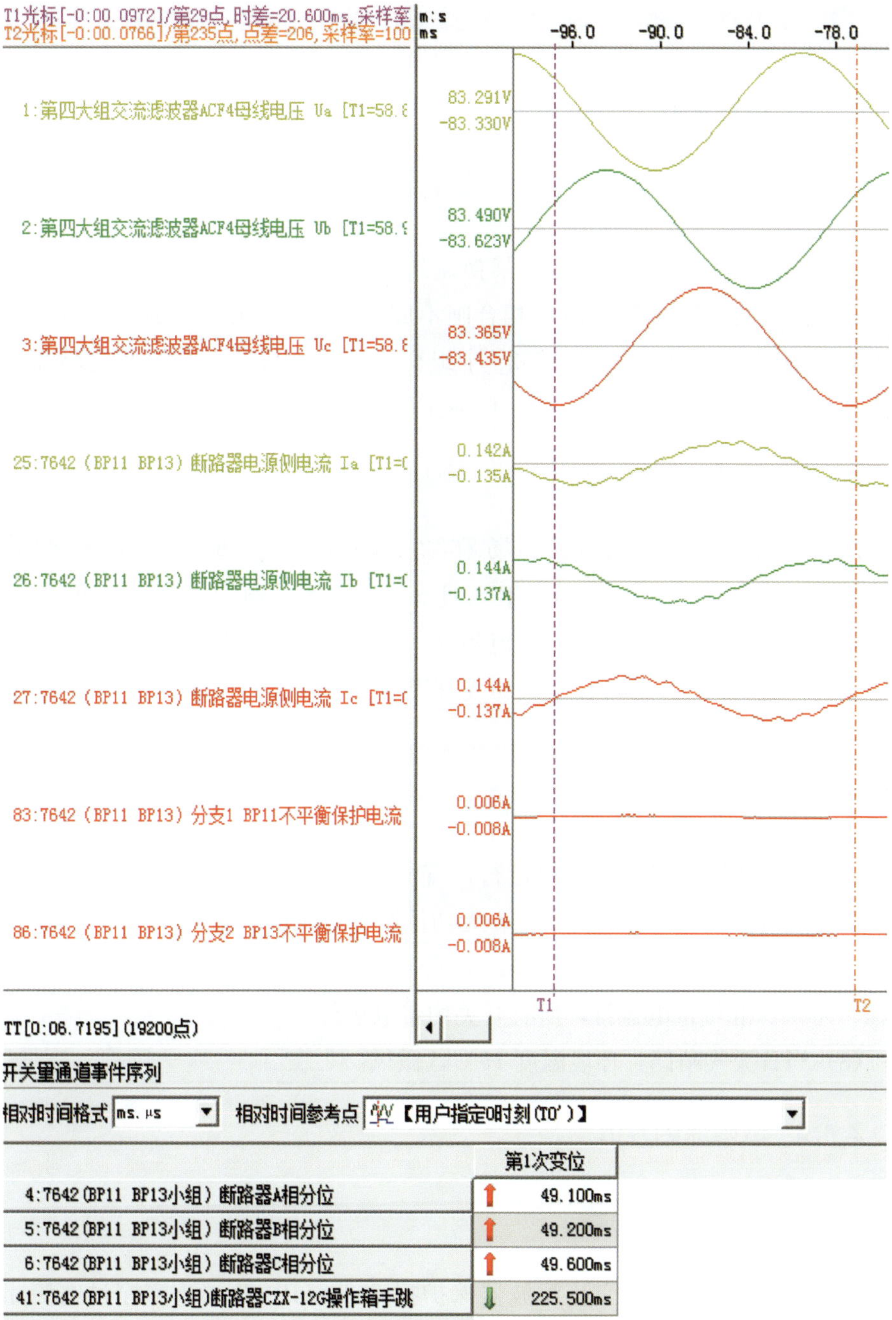

图 2-21 第三次充电分闸波形（更换后）

2.4 某换流站7632交流滤波器C相断路器故障分析

2.4.1 故障简介

2.4.1.1 故障描述

2018年6月6日7时26分，某换流站无功控制自动投入7632（BP11/13）小组交流滤波器，7632断路器C相合闸不成功，本体三相不一致保护动作，导致7632小组交流滤波器跳闸，7623小组交流滤波器按照无功控制逻辑自动投入，直流功率保持4100MW运行，功率无损失。

2.4.1.2 故障设备信息

该换流站750kV交流滤波器场7632断路器为LW56－800型SF_6罐式断路器，2016年5月生产，2016年8月24日投运，额定电压为800kV，额定电流为5000A，额定短时耐受电流为63kA。合闸电阻为AB410－14R28±5%型，电阻值为1500Ω。均压电容器为CDOR2648B10型，电容量为（2000±40）pF。

2.4.1.3 故障前设备运行工况

（1）直流系统：双极四阀组运行，直流输送功率4100MW，功率正送，极Ⅰ、极Ⅱ直流滤波器均在运行状态，无功控制方式为自动控制。

（2）交流系统：750kV Ⅰ母、Ⅱ母带电运行，所有开关均带电运行；330kV Ⅰ母、Ⅱ母带电运行，所有开关均带电运行。

（3）当日天气晴朗，环境温度15℃，微风。

2.4.2 故障原因分析

2.4.2.1 二次设备检查

检查监控后台报文，交流滤波器保护报7632（BP11/13）零序过电流Ⅰ段启动、1分支L1电抗热过负荷启动、2分支L1电抗热过负荷启动、1分支电阻热过负荷启动、2分支电阻热过负荷启动和零序过电流Ⅱ段启动，约500ms左右复归。

检查故障录波，7632 断路器合闸命令发出后，A、B 相断路器动作结果正常，C 相分位消失滞后 A 相、B 相 2～3ms，C 相电流滞后于 A、B 相 15ms 出现（合闸电阻一般投入 8～11ms），且 C 相电流持续 54ms 左右后消失，随后 C 相断路器分位再次出现，7632 断路器合分闸暂态波形如图 2－22 所示。

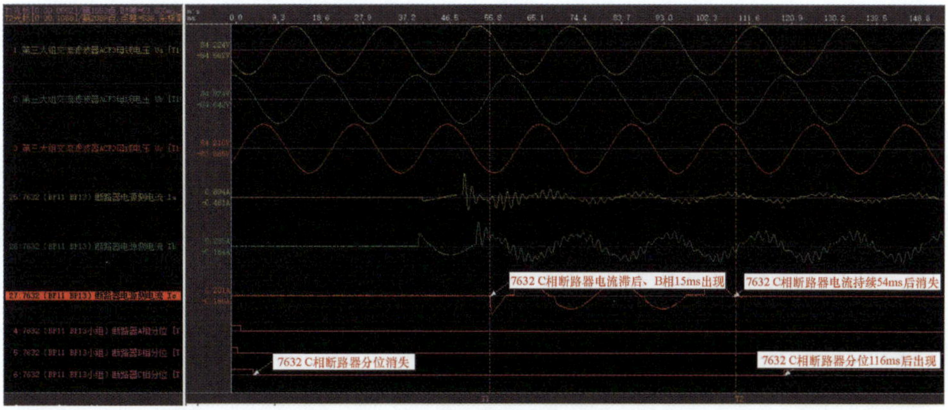

图 2－22　7632 断路器合分闸暂态波形图

检查断路器操作箱、本体非全相继电器及二次回路，状态指示均正常，未见异常。对 7632 断路器合分闸全过程波形进行检查分析，A、B 相断路器合闸成功，C 相分位消失 116ms 后再次出现，满足本体三相不一致保护动作条件，2500ms 后 A、B 相断路器相继跳闸，延时与保护定值一致，7632 断路器三相合分闸全过程波形如图 2－23 所示。

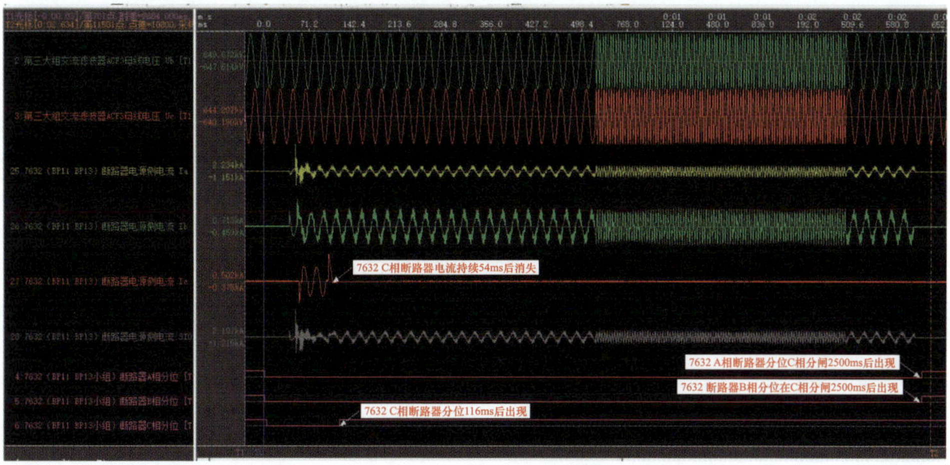

图 2－23　7632 断路器三相合分闸全过程波形图

2.4.2.2 一次设备检查

(1) 外观检查。现场检查7632断路器外观，无异常、气室压力正常，外部及接地引下线部位没有发现明显的放电点，周围环境无异物、无烧蚀放电后的异常气味，一次设备无明显异常。对围栏内一次设备本体及外观进行检查，未发现异常。

(2) 气体成分检测。对7632断路器C相气室进行SF_6气体分解物检测，检测数据如表2-6所示。CO含量为4.3μL/l，其他各项指标均为0，检测结果合格，说明断路器内部未发生放电故障。

表2-6 SF_6气体分解物检测结果

序号	检测成分	检测数据（μL/L）	检测结果
1	SO_2	0	合格
2	H_2S	0	合格
3	CO	4.3	合格
4	HF	0	合格

2.4.2.3 检修试验

(1) 断路器机构检查。对机构的辅助开关连杆及其二次接线进行检查，位置指示及回路接线均正常。对机构进行慢合试验，机构各级换向阀正常动作，但活塞杆合闸过程缓慢，并且在接近合闸到位时出现停滞，机构也无法正常建立压力，在此情况下对机构进行慢分操作，机构分闸动作正常，并且能够进行加压储能。当碟簧压缩量达到约65mm时进行合闸操作，机构出现合闸后立即自动分闸现象，与故障时动作情况相符。

对分闸换向阀进行仔细检查，发现第二套分闸换向阀阀杆有轻度卡滞，如图2-24所示红圈位置。对阀杆进行人为复位后，再次对断路器进行分合闸操作，断路器分合闸操作正常。将卡滞的第二组分闸换向阀进行整体更换后，进行分、合闸操作，断路器分、合闸操作正常。

(2) 断路器机械特性检查。对7632断路器机械特性进行测试检查，测试结果如表2-7所示。

表2-7 7632断路器机械特性测试表 (ms)

相序	合闸时间	1套分闸时间	2套分闸时间	电阻投入时间	合分时间
A	80.4	20.6	21.6	8.3	40.7
B	80.1	21.3	21.4	7.7	41.5
C	81.6	22.4	21.7	7.2	40.8

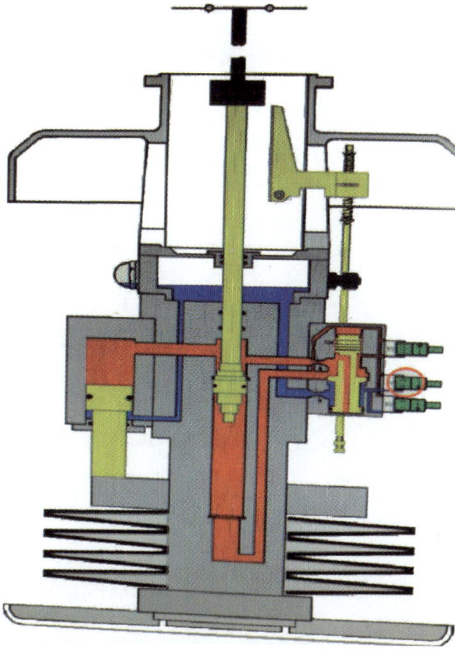

图 2－24 断路器合闸位置油压示意图

通过上述测试数据可知，断路器更换分闸换向阀后，机械特性基本合格。

（3）合闸电阻阻值检查。在 C 相断路器分闸状态下，进行慢合操作，当断路器主断口主触头刚合时，合闸电阻断口处于分闸状态，合闸电阻接入主回路。此时用万用表通过两端套管测量合闸电阻断口电阻值，实测值为 255Ω，正常为 1500Ω。用同样方法对 B 相断路器合闸电阻阻值进行测试，结果为 1512Ω。

（4）回路电阻阻值检查。测量 7632 断路器回路电阻，测试结果如表 2－8 所示。

表 2－8　　7632 断路器回路电阻测试表　　（μΩ）

相序	A 相	B 相	C 相
电阻值	185.6	175.3	183.6

通过上述测试数据可知，断路器回路电阻均小于 220μΩ，结果合格。

2.4.2.4 故障原因分析

（1）保护动作情况。监控后台报文显示 7632（BP11/13）零序过电流Ⅰ段、Ⅱ段启动，故障录波显示 7632 小组滤波器零序电流峰值达 840A，但持续时间未达到过电流Ⅰ段定值（67A，10s）和过电流Ⅱ段定值（178A，6.5s）门槛，保护未动作。

通过事件列表、图 2－22 和图 2－23 故障录波综合分析，A、B 相断路器合闸成功，C 相分位消失 116ms 后再次出现，满足本体三相不一致保护动作条件，2500ms 后 A、B 相断路器相继跳闸，本体三相不一致保护正确动作。

（2）初步原因分析。综合分析现场检查情况、试验结果、事件列表及录波文件，推断故障过程及原因如下。

1）7632 断路器合闸命令发出后，三相分位消失且监控后台报出三相分位移动中，说明传动轴带动位置辅助触点动作；A、B 相断路器合闸流过电流后 15ms 内，C 相断路器未通过电流。推断当断路器合闸命令发出后，C 相断路器操动机构的合闸换向阀导通油路后，由于第二组分闸换向阀阀杆卡滞，造成分闸换向阀口密封不良，使部分高压油返回至低压油腔，造成合闸油压不足使合闸动作过程迟缓，因此 C 相断路器滞后 A、B 相 15ms 通过电流。

2）7632 断路器 C 相流过电流并持续 54ms 期间，电流波形中看不到谐波成分（与 A、B 相对比非常明显），说明断路器主断口动、静触头开始处于接触状态，但合闸电阻辅助断口一直未闭合，使电流持续流过合闸电阻；C 相断路器电流消失 11ms 后，分位辅助触点再次闭合，从而满足本体非全相保护动作条件。推断当主断口动、静触头接触并持续通过电流约 54ms 后，高压油压力不足无法保持完成合闸，持续向低压油腔释放，最终造成断路器分闸。

3）测量 C 相断路器合闸电阻值，约 255Ω（正常为 1500Ω），原因可能为合闸电阻持续通流 54ms，电阻片无法承受较大的热容量，最终导致合闸电阻过热损坏。

2.4.2.5 现场处理情况

（1）处理方案。针对断路器故障情况，现场制定整体替换故障断路器方案。由生产厂家提供备件运往现场进行更换，现场回收气体，开盖检查，确认设备工况。

（2）计划处理进度。

1）2018 年 6 月 8 日 24 时，完成故障相气体回收工作。

2）2018 年 6 月 9 日 15 时，完成连接管母及均压环拆除，进行开盖检查。

3）2018 年 6 月 10 日 15 时，完成套管及本体拆除工作。

4）2018 年 6 月 11 日 24 时，完成新断路器安装及气室抽真空。

5）2018 年 6 月 12 日 22 时，完成新断路器试验。

2.4.3 结论及建议

2.4.3.1 结论

综上所述，本次故障原因为7632断路器合闸过程中C相断路器操动机构第二组分闸换向阀连杆卡滞，引起其阀口密封不良，使部分高压油持续向低压油腔释放，最终由于合闸油压不足导致C相断路器分闸，而A、B相断路器合闸成功，从而引起本体三相不一致保护跳闸，切除该小组交流滤波器。

2.4.3.2 建议

根据抢修方案，尽快完成7632断路器C相更换全部工作。同时将故障断路器返厂解体，深入分析故障原因，并对现场48台断路器分合闸换向阀进行状态评估，制定并落实整改措施。

3 四小器类故障

3.1 某换流站极Ⅱ换流变压器避雷器异常处理

3.1.1 故障简介

3.1.1.1 故障描述

2018年5月29日22时，某换流站检修人员进行设备精确红外测温时发现，极ⅡY/D-B相换流变压器F1避雷器较其他两相有较大温差，及时进行跟踪复测及比对，确认上述避雷器存在局部发热现象，依据国网（运检/3）828—2017《国家电网公司变电运维管理规定（试行）第8分册　避雷器运维细则》中“4.1.1.2整体或局部发热，相间温差超过1K”时异常处理原则：①确认本体发热后，可判断为内部异常；②立即汇报值班调控人员申请停运处理，以及DL/T 664—2016《带电设备红外诊断应用规范》中缺陷类型的确定及处理方法“对电压致热型设备，当缺陷明显时，应立即消缺或退出运行”的规定，对该换流站极Ⅱ停运进行极ⅡY/D-B相换流变压器F1避雷器更换处理。

3.1.1.2 故障设备信息

该换流站极ⅡY/D-B相换流变压器F1避雷器选用瓷套型无间隙金属氧化物避雷器，型号为Y10W1-300/727GW，避雷器编号为00439，持续运行电压为228kV，直流1mA参考电压为425kV，出厂时间为2010年8月，投运时间为2011年2月28日。

3.1.1.3 故障前运行情况

天气晴朗，环境温度28℃。该换流站750kV系统、330kV系统为3/2接线，66kV系统为单母线接线，1号和2号主变压器并列运行，直流双极大地回线方式，外送功率 4000MW。

3.1.2 故障原因分析

3.1.2.1 现场检查及试验分析

（1）红外测温。2018 年 5 月 29 日，该换流站检修人员对极Ⅱ换流变压器进行红外测温，发现极ⅡY/D－B 相换流变压器 F1 避雷器较其他两相温度相差较大。为排除环境及光线干扰，运行人员进行了跟踪测温比对，夜间 22 时，复测比对发现，B 相避雷器本体温度仍然与其他两相有较大差别，其中 B 相为 40.4℃，A 相为 32.5℃，C 相为 31.6℃，最大相差 9K，具体情况见表 3－1。

表 3－1　　该换流站极Ⅱ换流变压器 F1 避雷器测温表

相别	温度（℃）	图　谱
极ⅡY/D－A	32.5	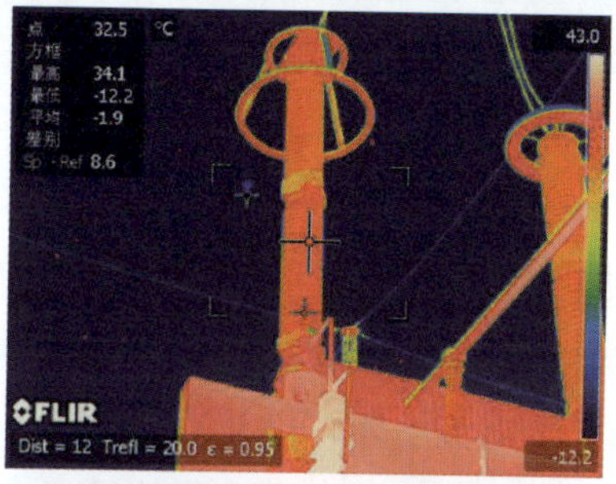
极ⅡY/D－B	40.4	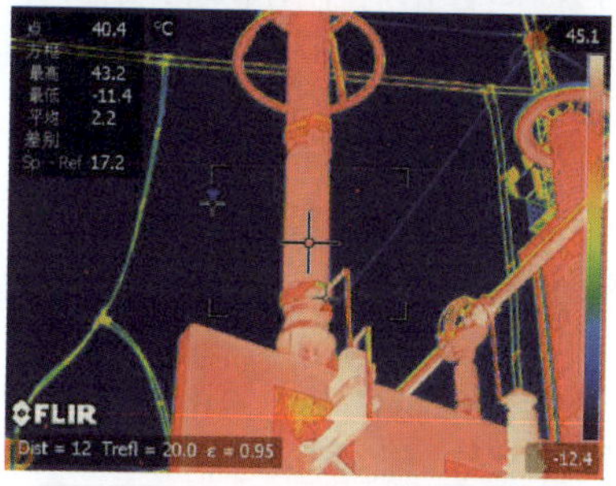
极ⅡY/D－C	31.6	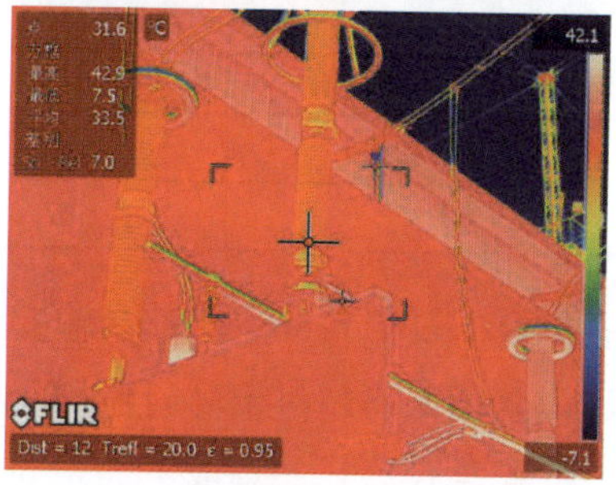

(2) 阻性电流及全电流测试。带电检测人员对极Ⅱ Y/D-A、极Ⅱ Y/D-B、极Ⅱ Y/D-C 相 F1 避雷器进行阻性电流及全电流测试试验。

现场试验数据与 2018 年 3 月 6 日试验数据进行比对，阻性电流及全电流比对表如表 3-2 和表 3-3 所示。

表 3-2　该换流站极Ⅱ换流变压器 F1 避雷器阻性电流测试比对表

测试日期	极Ⅱ Y/D-A F1 避雷器阻性电流 I_{r1p} (mA)	极Ⅱ Y/D-B F1 避雷器阻性电流 I_{r1p} (mA)	极Ⅱ Y/D-C F1 避雷器阻性电流 I_{r1p} (mA)
2018 年 3 月 6 日	0.319	0.250	0.230
2018 年 5 月 30 日	0.409	0.320	0.315
增幅	28.21%	28.00%	36.95%

表 3-3　该换流站极Ⅱ换流变压器 F1 避雷器全电流测试比对表

测试日期	极Ⅱ Y/D-A F1 避雷器全电流 I_{x} (mA)	极Ⅱ Y/D-B F1 避雷器全电流 I_{x} (mA)	极Ⅱ Y/D-C F1 避雷器全电流 I_{x} (mA)
2018 年 3 月 6 日	1.596	1.501	1.516
2018 年 5 月 30 日	1.717	1.638	1.623
增幅	7.58%	9.13%	7.06%

根据 Q/GDW 1168—2013《输变电设备状态检修试验规程》，判断如下：

1) 阻性电流增幅：极Ⅱ Y/D-B 相 F1 避雷器 28.00% (≤50%)。

2) 全电流增幅：极Ⅱ Y/D-B 相 F1 避雷器 9.13% (≤20%)。

3) 横向数据对比无显著差异。

综上分析，极Ⅱ Y/D-B 相 F1 避雷器阻性电流测试数据较前一次测试有所增加，但符合规程要求。

(3) 停电后检查情况。停电后，对极Ⅱ Y/D-B 相 F1 避雷器进行高压试验，测得避雷器 $0.75U_{\mathrm{1mA}}$ 下泄漏电流与 1mA 直流电流下参考电压如表 3-4 所示。

表 3-4　该换流站极Ⅱ Y/D-B 相 F1 避雷器高压试验结果

位置	$0.75U_{\mathrm{1mA}}$ 下泄漏电流 (μA)	直流 1mA 下电压 U_{1mA} (kV)
上节/下节 (本次测量值)	31.0/29.6	211.2/214.0
上节/下节 (初值)	21/10	220.3/218.4
初值差	47.6%/196%	−4.13%/2%

根据 Q/GDW 1168—2013《输变电设备状态检修试验规程》，金属氧化物避雷器 U_{1mA} 初值差不超过±5%且不低于 GB 11032 规定值 (注意值)；$0.75U_{\mathrm{1mA}}$ 泄漏电流初值差不大于 30%或不大于 50μA (注意值)。

综上分析，极Ⅱ Y/D－B 相 F1 避雷器高压试验测试结果与交接试验值存在偏差，但满足规程要求。

（4）返厂试验。2018 年 6 月 6 日，将发热避雷器返厂开展相关试验及解体分析工作，试验项目及结果如下。

1）复测出厂试验。在试验车间对发热避雷器出厂试验进行复测：

a. 持续电流试验。避雷器的持续运行电压为 228kV（有效值）。对每节所施加的电压为 114kV。在此电压下测量其全电流及阻性电流，全电流（有效值）应不大于 2.5mA，阻性电流（基波峰值）应不大于 0.5mA。

b. 工频参考电压试验。对避雷器测量工频参考电流为 5mA 下的工频参考电压值（峰值/①）。分别对每节测量其工频参考电压，避雷器的工频参考电压值为每节工频参考电压的算数和。

c. 直流参考电压试验。对避雷器测量直流参考电流 1mA 下的直流参考电压值，其值应不小于 425kV，分别对每节测量其直流参考电压，避雷器的直流参考电压值为每节直流参考电压的算数和。

d. 0.75 倍直流参考电压下的泄漏电流。测量避雷器在 0.75 倍直流参考电压下的泄漏电流，其值应不大于 50μA。

e. 局部放电试验。避雷器在 1.05 倍持续运行电压，即 239.4kV（有效值）下的内部局部放电量应不大于 10pC，对每节施加电压为 1.05×228/2kV。

f. 密封性能试验。对避雷器用氦质谱检漏仪检漏法进行试验，漏气率应不大于 6.65×10^{-5} Pa·L/s，测试漏气率在 10^{-8} Pa·L/s 数量级，密封性测试合格。

复测试验结果如表 3－5 所示。

表 3－5　　出厂试验复测结果

试品编号		持续运行电压 114kV		工频 5mA	直流 1mA	0.75 倍直流参考电压	1.05×228/2kV 有效值	密封性能
		全电流（mA，有效值）	阻性电流（mA，基波，峰值）	参考电压（kV，峰值/$\sqrt{2}$）	参考电压（kV）	泄漏电流（μA）	局部放电量（pC）	小于 6.65×10^{-5} Pa·L/s
00439 下	本次试验	1.385	0.338	164.1	218	16	4	合格
	出厂试验	1.493	0.288	177.8	220	16	5	—
	变化率	－7.2%	17.3%	－7.7%	—	—	—	—
00439 上	本次试验	1.374	0.335	164.7	217	16	4	合格
	出厂试验	1.486	0.290	178.7	221	16	3	—
	变化率	－7.5%	15.5%	－7.8%	—	—	—	—

出厂试验复测结果中，持续运行电压下的阻性电流较出厂结果有所增加，下节增幅17.3%，上节增幅15.5%；工频5mA阻性电流参考电压较出厂结果有所减小，下节下降7.7%，上节下降7.8%。以上试验结果均在合格范围内。

2）阀片试验。避雷器解体后，对所有阀片逐一进行试验，试验项目包括直流1mA参考电压试验、0.75倍直流参考电压下泄漏电流试验、标称电流下残压试验和方波冲击试验。

图3-1　方波冲击试验中被击穿的阀片

阀片试验中，泄漏电流数值均小于50μA的合格范围内，但阀片间数值存在差异、离散性较大：下节8号阀片为12μA，下节1号阀片则达到38μA。

方波冲击试验中，上节的34号阀片被击穿，如图3-1所示。

3）温升试验。对上、下两节避雷器同时施加130kV工频电压（略高于运行电压114kV），在29℃的试验环境下保持40min，在整个过程中对避雷器阀片进行红外测温。避雷器阀片在温升试验开始25min后温升趋于稳定，下节较上节存在1.9K的温差。

3.1.2.2　解体分析

对发热避雷器进行解体检查，避雷器内部及阀片无明显损伤。但在上述方波冲击试验中，上节的34号阀片被击穿。

3.1.2.3　综合分析

根据现场检查及返厂解体试验及检查结果，分析避雷器发热主要原因为：持续运行电压下的阻性电流较出厂结果有所增加，工频5mA阻性电流参考电压较出厂结果有所减小，阀片试验中，泄漏电流数值均在小于50μA的合格范围内，但阀片间数值存在差异、离散性较大，运行电压下的温升试验中下节较上节存在1.9K的温差。

3.1.3　结论及建议

3.1.3.1　结论

综合现场检查试验、返厂解体试验等数据分析，试验数据在合格范围内，避雷器内部部分阀片因制造工艺偏差，且随运行年限增加，特性发生细微变化，运行过程中产生局部发热导致与其他相避雷器出现了温差。

3.1.3.2 建议

（1）定期对换流站所辖避雷器进行红外测温比对，发现异常温升及时跟踪分析。

（2）在雷雨等恶劣天气过后及时对避雷器进行跟踪检查。

（3）加强红外测温力度，对发现温升异常的避雷器，缩短检测周期，利用阻性电流检测等方法，综合评价避雷器的健康状况。

3.2 某换流站工频阻波器并联避雷器解体分析

3.2.1 故障简介

3.2.1.1 故障描述

2018年7月4日16时44分3秒，某换流站极Ⅰ高端800kV直流穿墙套管故障，极Ⅰ中性母线工频阻断滤波器并联避雷器F50第二节避雷器计数器动作，喷弧口无动作迹象，避雷器计数器处有明显放电痕迹，避雷器与计数器间等电位线甩飞至极Ⅰ直流场内（见图3-2）。

（a） （b）

图3-2 故障避雷器

（a）避雷器与计数器间等电位线甩出位置；（b）F50第二节避雷器计数器现场情况

3.2.1.2 故障设备信息

极Ⅰ中性母线工频阻断滤波器并联避雷器F50型号为YH10WF50－63/140，2015年10月生产，2016年8月投运，额定电压为63kV，持续运行电压为20kV（峰值），标称放电电流为10kA。

3.2.1.3 故障前运行工况

天气晴，环境温度为32℃。故障前直流系统运行方式为双极四阀组运行，直流输送功率6400MW，功率正送；故障后直流系统运行方式为双极三阀组运行。

3.2.2 故障原因分析

3.2.2.1 现场检查及试验分析

对F50避雷器整台进行更换，并对四个避雷器元件进行避雷器诊断性试验，测试数据如表3－6所示。

表3－6　　极Ⅰ中性母线工频阻断滤波器并联避雷器直流试验数据

试验项目	元件1		元件2		元件3		元件4	
	出厂值	测试值	出厂值	测试值	出厂值	测试值	出厂值	测试值
U_{6mA}（kV）	91.9	91.6	92.7	—	92.8	90.5	92.0	90.5
$0.75U_{6mA}$泄漏电流（μA）	46	40	46	—	48	42	48	42

经现场测试，依据《±800kV直流系统用金属氧化物避雷器》条款“0.75倍6mA直流参考电压下泄漏电流应不超过50μA/每柱”，标准元件1、元件3、元件4的0.75倍6mA直流参考电压下泄漏电流值正常。元件2绝缘电阻值为15kΩ，未通过6mA下直流参考电压测试，初步判断为元件2（故障避雷器）被完全击穿。

2018年7月13日，在站内对故障相避雷器在现场进行了初步拆解，如图3－3所示。

经过检查发现，避雷器内部保持微正压，避雷器密封性能良好。避雷器内部存在大量碳化粉末，电阻片及复合外套被熏黑，其中有一柱电阻片外表面绝缘釉层外存在电弧灼烧痕迹，临近的绝缘杆也有电弧灼烧痕迹并局部碳化。由于现场条件限制，未开展进一步检查。

(a)　　　　(b)

图 3-3　站内解体现场

(a) 对避雷器电阻片吊装；(b) 故障避雷器电阻片检查

3.2.2.2　厂内解体情况

对返厂的四支复合避雷器元件进行了解体（见图 3-4）。

(a)　　　　(b)

图 3-4　故障避雷器解体

(a) 对避雷器电阻片吊装；(b) 故障避雷器电阻片检查

(1) 故障避雷器元件外观检查。经过检查发现故障工频阻波避雷器第二和第三柱电阻片柱有明显的放电闪络痕迹，同时这两柱电阻片周围的绝缘棒有明显的灼烧痕迹，其中第三柱下层第二片电阻片边缘击穿（见图 3-5）。

(a)

(b)

图 3-5　站内解体现场

(a) 第二、第三柱明显放电痕迹；(b) 表面被边缘击穿电阻片

(2) 故障避雷器元件直流参数测试。拆解芯组，逐片检查电阻片外观，记录每片位置、重新对电阻片按位置编号。避雷器及电阻片分布示意图如图 3-6 所示，逐片拆解测试故障电阻片电阻片电参数，记录第一柱上段为上段-1，包含 10 片电阻片，第一柱下段为下段-1，包含 10 片电阻片，其他柱编号采用相同方法，测试数据如表 3-7 和表 3-8 所示。

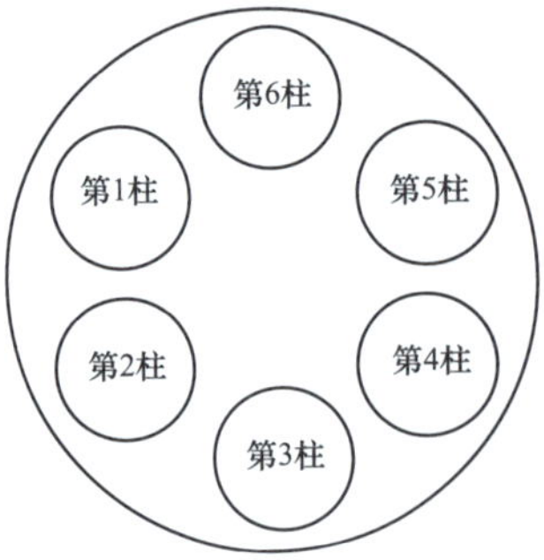

(a)

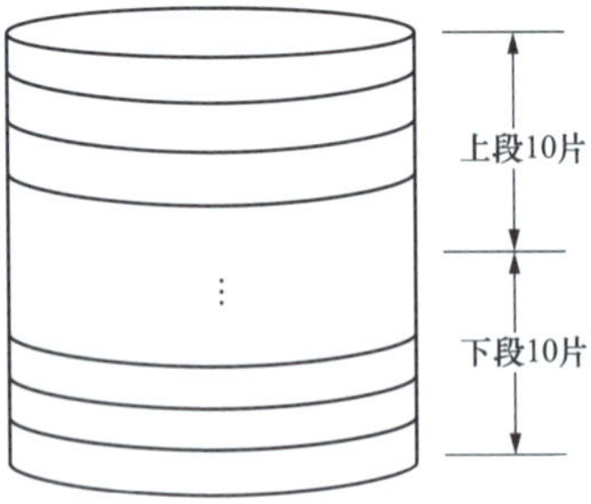

(b)

图 3-6　避雷器内部电阻片及每柱电阻片分布示意图

(a) 避雷器每柱现场标记示意图；(b) 每柱电阻片划分示意图

表 3-7　　拆解电阻片记录单（上段）

拆解电阻片记录单（上段测试值）								
上段-1			上段-2			上段-3		
电阻片编号	电压（V）	漏流（mA）	电阻片编号	电压（V）	漏流（mA）	电阻片编号	电压（V）	漏流（mA）
201502054/0289	4.51	10	20150254/0033	4.67	8	20150254/0103	0.17	397
201502054/0275	4.73	6	20150254/0149	2.81	48	20150254/0189	0.01	0
201502054/0151	4.73	3	20150254/0246	0.01	0	20150254/0187	0.01	0
201502054/0298	4.71	4	20150254/0244	0.01	0	20150254/0199	0	0
201502054/0270	4.74	4	20150254/0249	0.01	0	20150254/0234	0.03	0
1501066/0216	4.68	2	1501066/0299	0.01	0	1501066/0250	0.01	0
1501066/0167	4.64	3	1501066/0254	0.01	0	1501066/0204	0.01	0
1501066/0083	4.69	6	1501066/0208	0	0	1501066/0040	0	0
1501066/0096	4.67	4	1501066/0239	0	0	1501066/0287	0.01	0
1501066/0261	4.67	2	1501066/0269	0.01	0	1501066/0091	0.01	0
上段-4			上段-5			上段-6		
电阻片编号	电压（V）	漏流（mA）	电阻片编号	电压（V）	漏流（mA）	电阻片编号	电压（V）	漏流（mA）
1501066/0291	4.66	3	201502054/0044	4.71	6	201502054/0170	4.69	5
1501066/0110	4.67	4	201502054/0204	4.73	5	201502054/01212	4.74	4
1501066/0005	4.6	5	201502054/0270	4.74	5	201502054/0158	4.68	5
1502058/0029	4.7	1	201502054/0205	4.71	8	201502054/0088	4.67	7
201502054/0039	4.69	5	201502054/0063	4.53	12	201502054/0034	4.46	25
201502054/0191	4.73	7	201502054/0116	4.65	14	1501066/0232	4.7	6
201502054/0084	4.74	5	1502058/0156	4.64	1	1502058/0227	4.71	6
201502054/0012	4.62	18	1501066/0204	4.66	4	1501066/0300	4.68	3
201502054/0330	4.64	7	1502058/0173	4.68	2	1502058/0061	4.69	3
201502054/0109	4.55	25	1501066/0053	4.68	5	1502058/0058	4.67	5

续表

拆解电阻片记录单（上段出厂值）								
上段-1			上段-2			上段-3		
电阻片编号	电压（V）	漏流（mA）	电阻片编号	电压（V）	漏流（mA）	电阻片编号	电压（V）	漏流（mA）
201502054/0289	4.81	5	20150254/0033	4.81	5	20150254/0103	4.81	5
201502054/0275	4.8	5	20150254/0149	4.8	5	20150254/0189	4.8	5
201502054/0151	4.8	5	20150254/0246	4.8	4	20150254/0187	4.8	6
201502054/0298	4.79	4	20150254/0244	4.79	5	20150254/0199	4.79	5
201502054/0270	4.79	5	20150254/0249	4.79	4	20150254/0234	4.79	5
1501066/0216	4.75	3	1501066/0299	4.75	4	1501066/0250	4.75	4
1501066/0167	4.74	3	1501066/0254	4.74	4	1501066/0204	4.74	2
1501066/0083	4.74	3	1501066/0208	4.74	3	1501066/0040	4.74	5
1501066/0096	4.74	4	1501066/0239	4.73	4	1501066/0287	4.73	4
1501066/0261	4.73	3	1501066/0269	4.73	3	1501066/0091	4.73	3
上段-4			上段-5			上段-6		
电阻片编号	电压（V）	漏流（mA）	电阻片编号	电压（V）	漏流（mA）	电阻片编号	电压（V）	漏流（mA）
1501066/0291	4.73	4	201502054/0044	4.81	4	201502054/0170	4.81	5
1501066/0110	4.73	4	201502054/0204	4.8	4	201502054/0121	4.8	5
1501066/0005	4.75	4	201502054/0270	4.8	6	201502054/0158	4.8	4
1502058/0029	4.75	2	201502054/0205	4.79	5	201502054/0088	4.79	4
201502054/0039	4.74	2	201502054/0063	4.79	5	201502054/0034	4.79	5
201502054/0191	4.79	4	201502054/0116	4.75	5	1501066/0232	4.75	3
201502054/0084	4.79	5	1502058/0156	4.74	3	1502058/0227	4.74	3
201502054/0012	4.8	5	1501066/0204	4.74	2	1501066/0300	4.74	4
201502054/0330	4.8	6	1502058/0173	4.73	3	1502058/0061	4.73	3
201502054/0109	4.81	5	1501066/0053	4.73	3	1502058/0058	4.73	3

表 3-8　　拆解电阻片记录单（下段）

拆解电阻片记录单（下段测试值）								
下段-1			下段-2			下段-3		
电阻片编号	电压（V）	漏流（mA）	电阻片编号	电压（V）	漏流（mA）	电阻片编号	电压（V）	漏流（mA）
1501066/0079	4.67	5	1502058/0183	0.01	0	1502058/0005	0.01	0
1501066/0161	4.65	4	1502058/0046	0	0	1501066/0133	0.01	0
1501066/0046	4.66	6	1501066/0066	0.01	0	1501066/0126	0.33	0
1501050/0100	4.57	8	1501050/0150	0	0	1501050/0236	0.34	0
1501050/0195	4.56	7	1501050/0075	0	0	1501050/0254	0	0
1501050/0022	4.38	7	1501050/0280	0	0	1501050/0095	0.01	0
1409034/0036	4.28	14	1409034/0153	0.01	0	1409034/0378	0.01	0
1409034/0230	4.28	9	1409034/0451	0.01	0	1409034/0103	0	0
1409034/0242	4.26	11	1409034/0175	0	0	1409034/0357	0	0
1409034/0053	4.21	12	1409034/0235	0.01	0	1409034/0424	0.03	0
下段-4			下段-5			下段-6		
电阻片编号	电压（V）	漏流（mA）	电阻片编号	电压（V）	漏流（mA）	电阻片编号	电压（V）	漏流（mA）
1501066/0181	4.6	7	1502058/0015	4.65	24	1502058/0153	4.67	3
1501066/0246	4.62	5	1502058/0179	4.68	4	1502058/0003	4.65	3
1502058/0221	4.63	7	1502058/0099	4.67	4	1502058/0239	4.65	1
1501050/0081	4.66	3	1501050/0102	4.59	3	1501050/0098	4.58	7
1501050/0203	4.59	2	1501050/0298	4.57	7	1501050/0299	4.59	3
1501050/0085	4.59	6	1501050/0171	4.38	2	1501050/0063	4.4	7
1709034/0341	4.38	6	1409034/0284	4.31	11	1409034/0015	4.3	11
1409034/0033	4.3	11	1409034/0306	4.27	15	1409034/0380	4.28	10
1409034/0125	4.25	10	1409034/0394	4.26	13	1409034/0420	4.27	10
1409034/0429	4.22	12	1409034/0155	4.22	12	1409034/0293	4.23	14

续表

拆解电阻片记录单（下段出厂值）								
下段-1			下段-2			下段-3		
电阻片编号	电压（V）	漏流（mA）	电阻片编号	电压（V）	漏流（mA）	电阻片编号	电压（V）	漏流（mA）
1501066/0079	4.72	3	1502058/0183	4.72	3	1502058/0005	4.72	4
1501066/0161	4.72	4	1502058/0046	4.72	4	1501066/0133	4.72	4
1501066/0046	4.71	4	1501066/0066	4.71	4	1501066/0126	4.71	4
1501050/0100	4.63	5	1501050/0150	4.63	5	1501050/0236	4.63	4
1501050/0195	4.63	4	1501050/0075	4.63	4	1501050/0254	4.43	4
1501050/0022	4.43	5	1501050/0280	4.43	5	1501050/0095	4.63	4
1409034/0036	4.34	9	1409034/0153	4.34	9	1409034/0378	4.34	8
1409034/0230	4.31	6	1409034/0451	4.31	6	1409034/0103	4.31	8
1409034/0242	4.3	8	1409034/0175	4.3	8	1409034/0357	4.26	8
1409034/0053	4.26	8	1409034/0235	4.26	8	1409034/0424	4.3	8
下段-4			下段-5			下段-6		
电阻片编号	电压（V）	漏流（mA）	电阻片编号	电压（V）	漏流（mA）	电阻片编号	电压（V）	漏流（mA）
1501066/0181	4.72	4	1502058/0015	4.72	3	1502058/0153	4.72	
1501066/0246	4.72	5	1502058/0179	4.72	2	1502058/0003	4.72	
1502058/0221	4.71	3	1502058/0099	4.71	2	1502058/0239	4.71	3
1501050/0081	4.63	4	1501050/0102	4.63	3	1501050/0098	4.63	4
1501050/0203	4.63	4	1501050/0298	4.63	5	1501050/0299	4.63	4
1501050/0085	4.43	5	1501050/0171	4.43	3	1501050/0063	4.43	3
1709034/0341	4.34	8	1409034/0284	4.34	7	1409034/0015	4.34	9
1409034/0033	4.31	9	1409034/0306	4.31	8	1409034/0380	4.31	
1409034/0125	4.3	9	1409034/0394	4.3	8	1409034/0420	4.3	7
1409034/0429	4.26	7	1409034/0155	4.26	9	1409034/0293	4.26	8

经测试，第二柱和第三柱电阻片基本失效。同时现场检查发现，第二柱和第三柱电阻片柱旁边 4 根绝缘杆外表面环氧树脂光亮层被灼烧碳化，裸露出玻璃纤维丝，如图 3－7 所示。

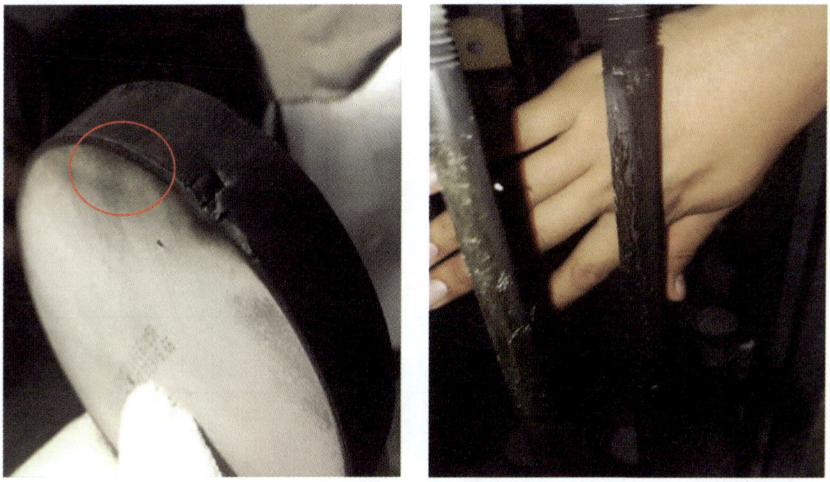

(a) (b)

图 3－7 电阻片检查情况

(a) 第三柱下层第二块电阻片；(b) 绝缘支撑杆放电灼烧情况

3.2.2.3 正常避雷器元件检查情况

复测三个外观正常元件的电气参数，数据合格。挑选元件 4 进行拆解内部芯组，测试每一柱的直流参数，数据如表 3－9 所示。

3.2.2.4 电流分布试验

为了验证避雷器经过长时间运行后的电流分布不均匀性能，对元件 4 拆出的 6 柱电阻片柱并联进行分流试验，数据如表 3－10 所示。

表 3－9 元件 1、3、4 的测试电气参数

YH10WF－50－63/140 温度：28℃湿度：88%						
编号	U_{6mA}（kV）	I_L（uA）	U_{18mA}（kV）	I_r（μA）	I_x（μA）	局放（pC）
80028－1	92.3	21	66.8	1920	11200	2.7
80028－3	93.2	14	67.5	1640	11200	3.01
80028－4	92.4	21	66.8	1960	11200	2.73

续表

编号	U_{6mA}（kV）	I_L（uA）	U_{18mA}（kV）	I_r（μA）	I_x（μA）	局放（pC）
单柱及 6 柱并联直流值						

柱号	U_{1mA}（kV）	I_L（uA）	备注
4—1	91.5	5	元件 4 第 1 柱
4—2	90.4	5	元件 4 第 2 柱
4—3	91.9	3	元件 4 第 3 柱
4—4	90.1	6	元件 4 第 4 柱
4—5	92.1	4	元件 4 第 5 柱
4—6	92.3	4	元件 4 第 6 柱
外并（6 柱）	91.6	23	—

表 3-10　元件 4 的上半段及下半段的电流分布情况比例

柱号	操作				雷电	国标要求值	出厂内控要求值
	300A	400A	500A	600A	1000A		
上半段	3.5%	3.7%	2.8%	3.5%	2.7%	≤10%	≤5%
下半段	4.6%	4.7%	4.5%	4.6%	2.4%	≤10%	≤5%

从分流试验看出，避雷器元件的操作 30/60μs 多柱分流不均匀系数不大于 4.7%，雷电 8/20μs 多柱分流不均匀系数不大于 2.7%，避雷器的多柱并联电流分布不均匀性能变化不大。

3.2.2.5　故障避雷器计数器拆解情况

拆解后发现监测器内部间隙严重烧蚀（见图 3-8），但仍能实现动作计数功能。测试计数器动作次数 5 次均正常动作。

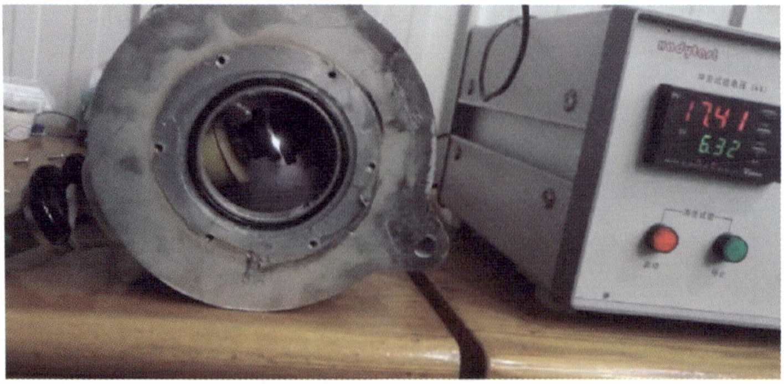

图 3-8　故障监测器测试放电次数功能

3.2.2.6 正常避雷器计数器检查情况

对退回完好的一台计数器进行功能试验，试验结果正常。但是螺栓头露出面板较多，容易卡到计数器十位针，如图 3－9 所示。

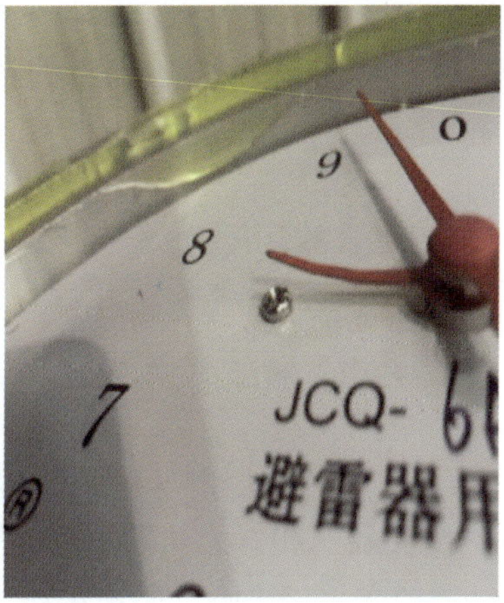

图 3－9 避雷器指针检查情况

3.2.2.7 综合分析

（1）厂内每支避雷器的柱间分流系数控制标准为 1.05，实际测量值未超过厂控标准，但均偏大，不能达到四支避雷器均能的目的。

（2）厂家仅针对 6mA 和 500A 两点校准计算分流能力，由此得到的电阻片伏安特性及分流系数未能很好的匹配，每支避雷器均能效果不能保证。

3.2.3 整改措施和建议

3.2.3.1 结论

系统过电压出现故障电流时，每支避雷器中残压低的一柱电阻片，将承受较大的能量，该柱中残压高的电阻片出现高电势，导致第三柱下层第二片电阻片首先击穿，然后发生闪络形成放电通道。同时，故障电流流经避雷器软铜导线，在电动力作用下，软铜导线被甩至极 I 直流场区域。

3.2.3.2 建议

（1）厂家对避雷器出厂试验加强把控措施，严格控制避雷器电阻片伏安特性一致性筛选工作，增加残压值测试点，提升每柱电阻片分流效果。

（2）完善电阻片伏安特性中残压值电流选点布置问题，开展电阻片多支并联避雷器间均能及分流能力研究，优化避雷器布置方式，提升过电压大电流的防护能力。

（3）针对该站部分计数器存在卡针隐患和软铜导线损坏隐患问题，根据检修计划逐步更换问题计数器，更换软铜导线为硬连接导线。

3.3 7612交流滤波器不平衡Ⅲ段保护动作跳闸分析

3.3.1 故障简介

3.3.1.1 故障描述

2017年5月18日11时18分，7612交流滤波器不平衡Ⅲ段保护动作跳开7612断路器三相，无功控制自动投入7622 BP11/13交流滤波器，运行正常，直流功率输送未受影响。经现场检查判断，本次跳闸事件为鸟害所致。

3.3.1.2 故障前运行工况

天气晴，环境温度22℃，微风。直流系统运行方式为双极四阀组运行，直流输送功率4300MW，功率正送，极Ⅰ、极Ⅱ直流滤波器均在运行状态，无功控制方式为自动控制。故障前各750kV交流滤波器状态正常，其中7612、7613、7624、7632、7634、7642、7644在运行，其余均在热备用，如图3-10所示。

3.3.1.3 事件列表

事件列表如图3-11所示，由事件列表可知：第一大组交流滤波器保护装置AFP1A/B报“ACF1 2分支C1不平衡Ⅱ段计时启动出现”“ACF1 2分支C1不平衡Ⅲ段动作出现”“跳ACF1交流滤波器开关出现”；第一大组交流滤波器测控装置AFC1A/B报“第一大组交流滤波器保护柜A/B BP11/13小组保护动作出现”“交流滤波器开关7612锁定并退出”。

3.3.2 故障原因分析

3.3.2.1 交流滤波器保护装置及故障录波检查

通过查看保护装置动作情况，第一大组交流滤波器保护装置AFP1A/B装置面板均显示BP11 2分支C1不平衡Ⅲ段动作、跳BP11交流滤波器开关，且装置正面BP11/13跳闸红色灯亮，操作箱内三相跳闸红灯亮，如图3-12和图3-13所示。

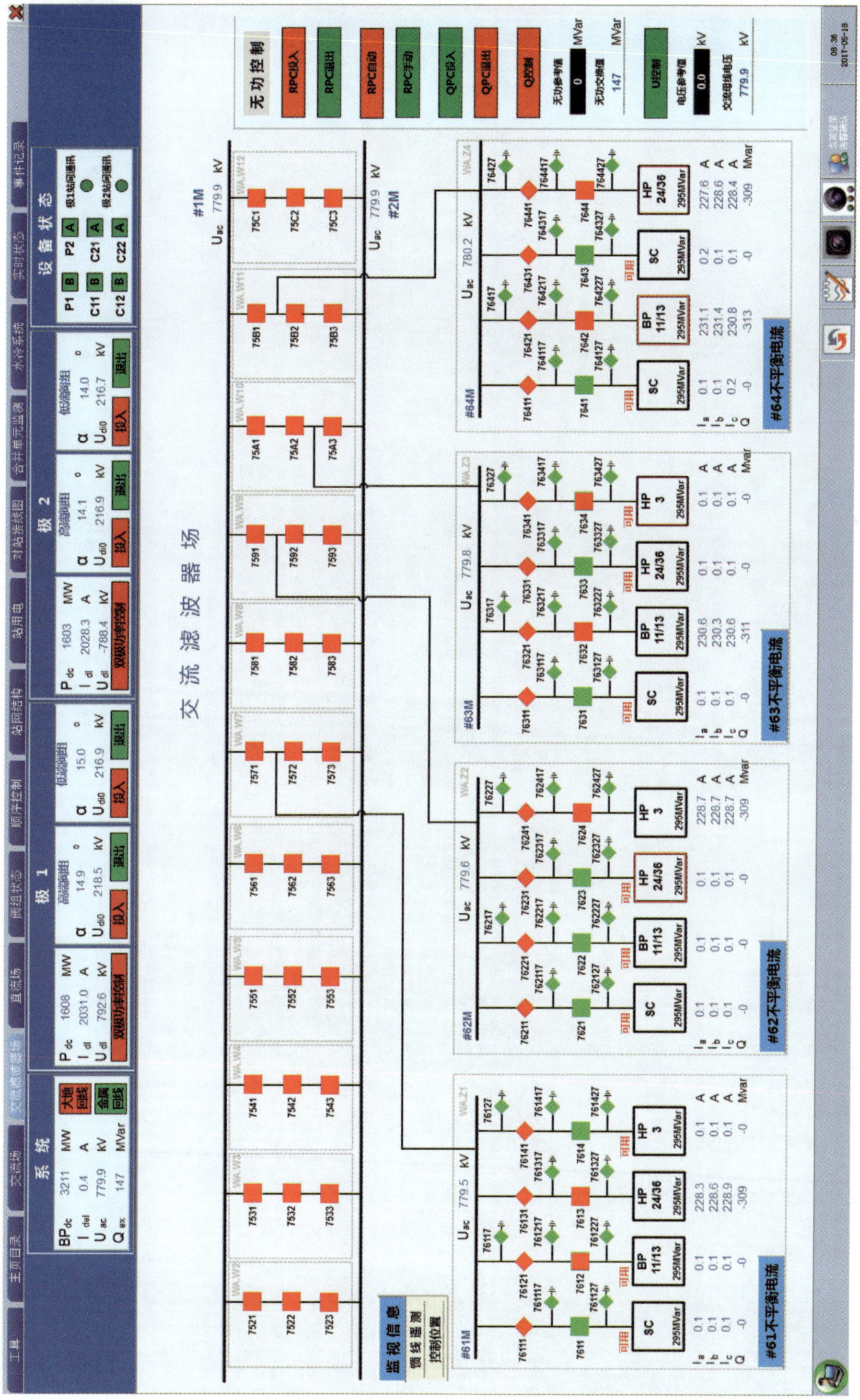

图 3-10 故障前交流滤波器场运行状态

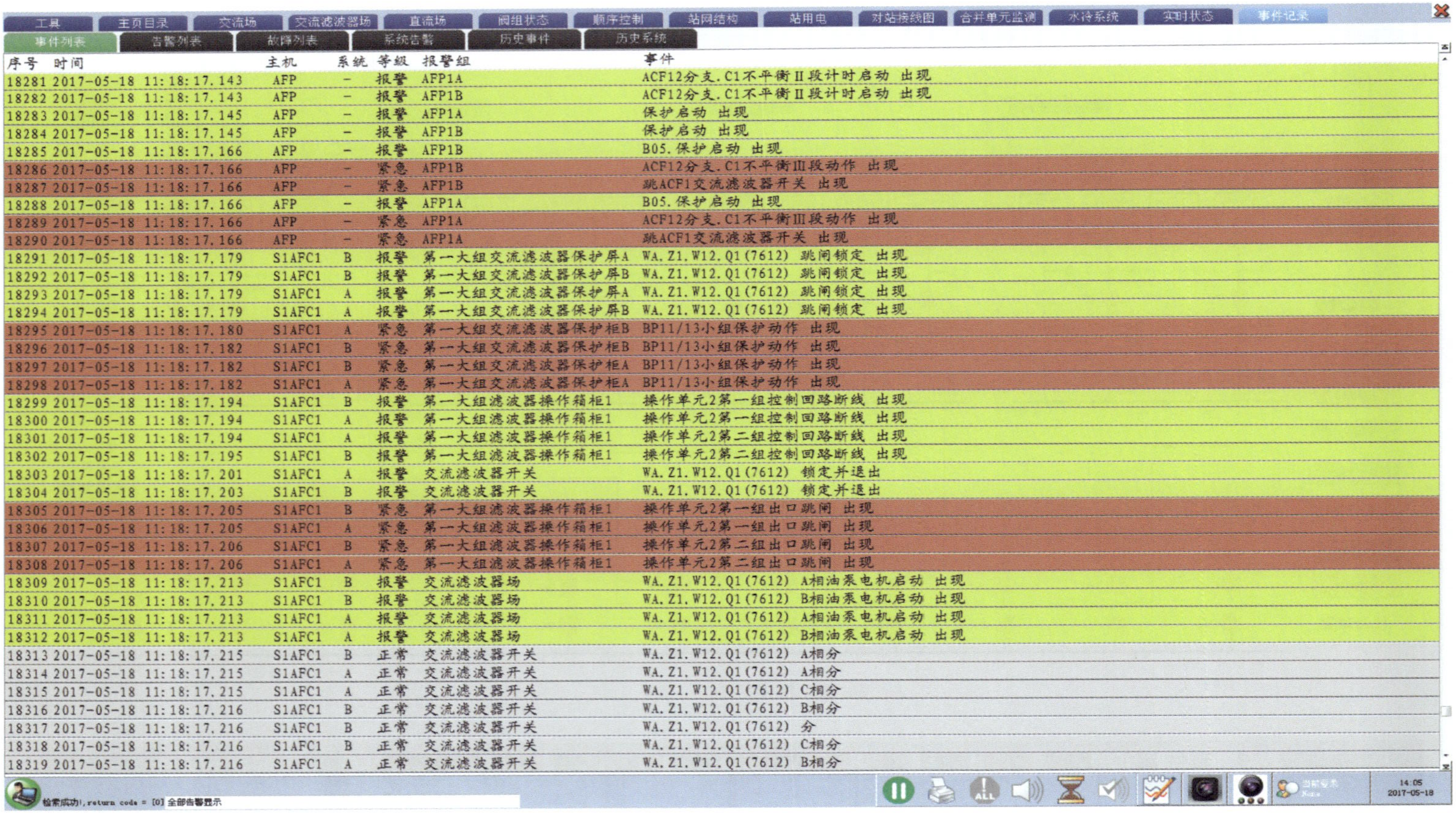

序号	时间	主机	系统	等级	报警组	事件
18281	2017-05-18 11:18:17.143	AFP	–	报警	AFP1A	ACF12分支.C1不平衡Ⅱ段计时启动 出现
18282	2017-05-18 11:18:17.143	AFP	–	报警	AFP1B	ACF12分支.C1不平衡Ⅱ段计时启动 出现
18283	2017-05-18 11:18:17.145	AFP	–	报警	AFP1A	保护启动 出现
18284	2017-05-18 11:18:17.145	AFP	–	报警	AFP1B	保护启动 出现
18285	2017-05-18 11:18:17.166	AFP	–	报警	AFP1B	B05.保护启动 出现
18286	2017-05-18 11:18:17.166	AFP	–	紧急	AFP1B	ACF12分支.C1不平衡Ⅲ段动作 出现
18287	2017-05-18 11:18:17.166	AFP	–	紧急	AFP1B	跳ACF1交流滤波器开关 出现
18288	2017-05-18 11:18:17.166	AFP	–	报警	AFP1A	B05.保护启动 出现
18289	2017-05-18 11:18:17.166	AFP	–	紧急	AFP1A	ACF12分支.C1不平衡Ⅲ段动作 出现
18290	2017-05-18 11:18:17.166	AFP	–	紧急	AFP1A	跳ACF1交流滤波器开关 出现
18291	2017-05-18 11:18:17.179	S1AFC1	B	报警	第一大组交流滤波器保护屏A	WA.Z1.W12.Q1(7612) 跳闸锁定 出现
18292	2017-05-18 11:18:17.179	S1AFC1	B	报警	第一大组交流滤波器保护屏B	WA.Z1.W12.Q1(7612) 跳闸锁定 出现
18293	2017-05-18 11:18:17.179	S1AFC1	A	报警	第一大组交流滤波器保护屏A	WA.Z1.W12.Q1(7612) 跳闸锁定 出现
18294	2017-05-18 11:18:17.179	S1AFC1	A	报警	第一大组交流滤波器保护屏B	WA.Z1.W12.Q1(7612) 跳闸锁定 出现
18295	2017-05-18 11:18:17.180	S1AFC1	A	紧急	第一大组交流滤波器保护柜B	BP11/13小组保护动作 出现
18296	2017-05-18 11:18:17.182	S1AFC1	B	紧急	第一大组交流滤波器保护柜B	BP11/13小组保护动作 出现
18297	2017-05-18 11:18:17.182	S1AFC1	B	紧急	第一大组交流滤波器保护柜A	BP11/13小组保护动作 出现
18298	2017-05-18 11:18:17.182	S1AFC1	A	紧急	第一大组交流滤波器保护柜A	BP11/13小组保护动作 出现
18299	2017-05-18 11:18:17.194	S1AFC1	B	报警	第一大组滤波器操作箱柜1	操作单元2第一组控制回路断线 出现
18300	2017-05-18 11:18:17.194	S1AFC1	A	报警	第一大组滤波器操作箱柜1	操作单元2第一组控制回路断线 出现
18301	2017-05-18 11:18:17.194	S1AFC1	A	报警	第一大组滤波器操作箱柜1	操作单元2第二组控制回路断线 出现
18302	2017-05-18 11:18:17.195	S1AFC1	B	报警	第一大组滤波器操作箱柜1	操作单元2第二组控制回路断线 出现
18303	2017-05-18 11:18:17.201	S1AFC1	A	报警	交流滤波器开关	WA.Z1.W12.Q1(7612) 锁定并退出
18304	2017-05-18 11:18:17.203	S1AFC1	B	报警	交流滤波器开关	WA.Z1.W12.Q1(7612) 锁定并退出
18305	2017-05-18 11:18:17.205	S1AFC1	B	紧急	第一大组滤波器操作箱柜1	操作单元2第一组出口跳闸 出现
18306	2017-05-18 11:18:17.205	S1AFC1	A	紧急	第一大组滤波器操作箱柜1	操作单元2第一组出口跳闸 出现
18307	2017-05-18 11:18:17.206	S1AFC1	B	紧急	第一大组滤波器操作箱柜1	操作单元2第二组出口跳闸 出现
18308	2017-05-18 11:18:17.206	S1AFC1	A	紧急	第一大组滤波器操作箱柜1	操作单元2第二组出口跳闸 出现
18309	2017-05-18 11:18:17.213	S1AFC1	B	报警	交流滤波器场	WA.Z1.W12.Q1(7612) A相油泵电机启动 出现
18310	2017-05-18 11:18:17.213	S1AFC1	B	报警	交流滤波器场	WA.Z1.W12.Q1(7612) B相油泵电机启动 出现
18311	2017-05-18 11:18:17.213	S1AFC1	A	报警	交流滤波器场	WA.Z1.W12.Q1(7612) A相油泵电机启动 出现
18312	2017-05-18 11:18:17.213	S1AFC1	A	报警	交流滤波器场	WA.Z1.W12.Q1(7612) B相油泵电机启动 出现
18313	2017-05-18 11:18:17.215	S1AFC1	B	正常	交流滤波器开关	WA.Z1.W12.Q1(7612) A相分
18314	2017-05-18 11:18:17.215	S1AFC1	A	正常	交流滤波器开关	WA.Z1.W12.Q1(7612) A相分
18315	2017-05-18 11:18:17.215	S1AFC1	A	正常	交流滤波器开关	WA.Z1.W12.Q1(7612) C相分
18316	2017-05-18 11:18:17.216	S1AFC1	B	正常	交流滤波器开关	WA.Z1.W12.Q1(7612) B相分
18317	2017-05-18 11:18:17.216	S1AFC1	B	正常	交流滤波器开关	WA.Z1.W12.Q1(7612) 分
18318	2017-05-18 11:18:17.216	S1AFC1	B	正常	交流滤波器开关	WA.Z1.W12.Q1(7612) C相分
18319	2017-05-18 11:18:17.216	S1AFC1	A	正常	交流滤波器开关	WA.Z1.W12.Q1(7612) B相分

图 3－11　事件列表

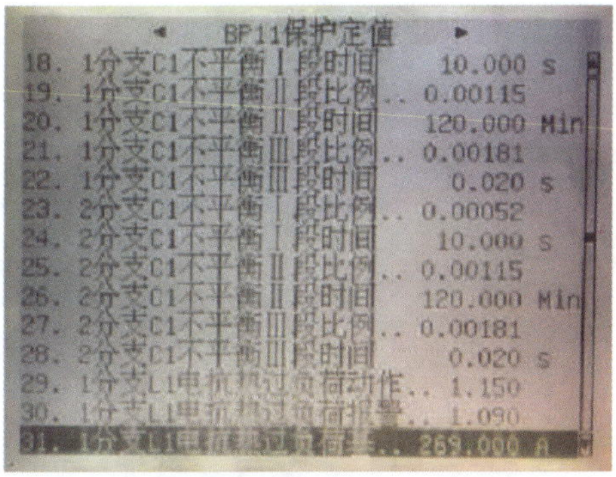

图 3-12 保护装置动作情况

图 3-13 操作箱面板显示

通过查看故障录波发现，故障发生时仅 7612 交流滤波器 2 分支电容器 A 相存在不平衡电流，不平衡电流最高达 4.3A 且无明显规律，其余电容器塔不平衡电流及 7612 交流滤波器首端、尾端电流均正常，如图 3-14 所示。

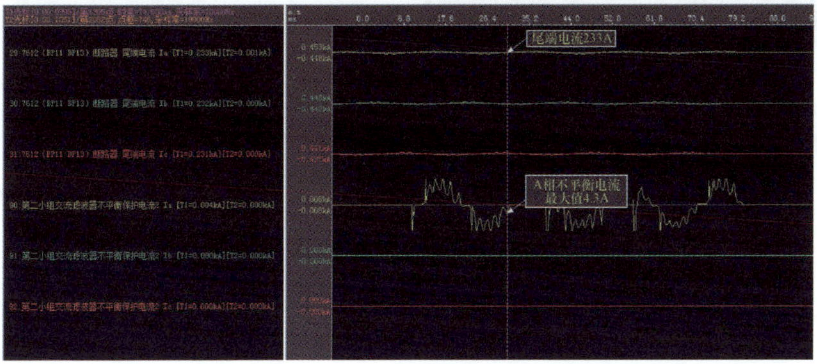

图 3-14 7612 交流滤波器故障录波

3.3.2.2 现场初步检查

通过现场检查一次设备状况，发现 7612A 相 2 分支电容塔下方有一只死鸟，尸体柔软，左翼及左侧身体有明显电弧灼伤痕迹，初步判断为刚刚被电击致死，如图 3－15 所示。通过外观检查，一次设备外观良好，无明显放电痕迹。

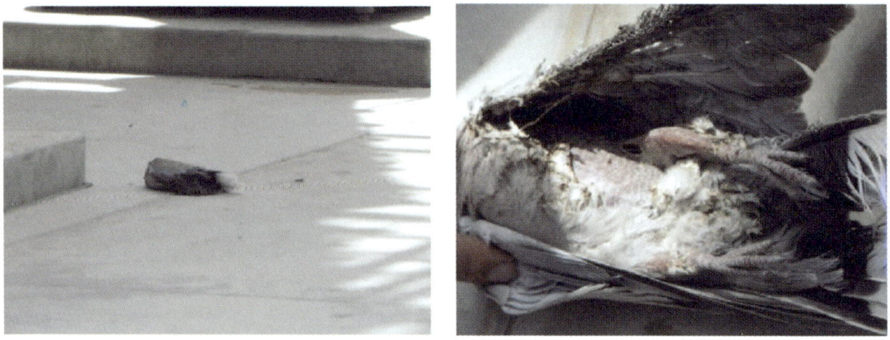

图 3－15　7612 交流滤波器 2 分支电容塔下方死鸟

随后，运维人员通过望远镜逐层进行认真检查，发现在 7612A 相 2 分支电容第 8 层 B 面第一支电容器上发现有一只死鸟（见图 3－16），但由于角度问题，无法观看清楚。

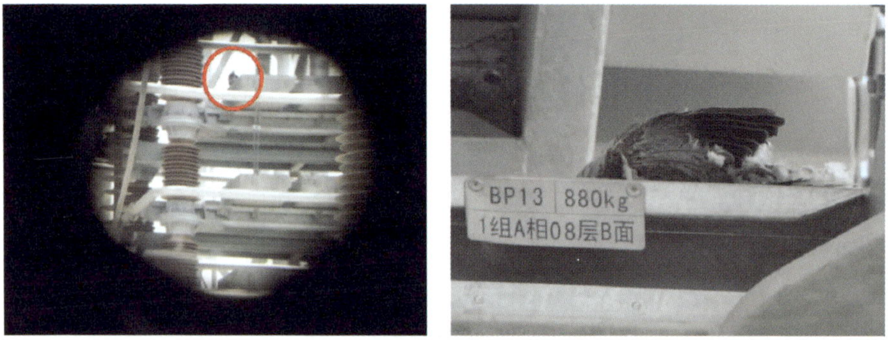

图 3－16　通过望远镜发现 2 分支第 8 层 B 面第一支电容器的死鸟

根据运维人员反映，事发前听到很闷的一声“砰”响，随即发生了跳闸事件。通过调阅视频监控系统发现，在故障发生时有两只鸟从电容塔旁飞过，随后弧光闪现，并伴有大量羽毛飞扬。初步判断 7612 交流滤波器不平衡Ⅲ段保护动作跳闸为鸟害所致。

3.3.2.3　进一步检查处理情况

根据初步判断结果，运维人员向国调申请，将 7612 交流滤波器转检修后，检修人员进入围栏内进行详细检查。检修人员乘坐吊车近距离对 7612A 相 2 分支电容器塔进行逐层认真检查，发现第 8 层 B 面第一支电容器上的死鸟与电容塔下方地面上发现的死鸟属同类，尸体柔软，右翼及右侧身体有明显电弧灼伤痕迹，也为刚刚被电击致死，并在死鸟旁边的构架上发现了疑似放电点，如图 3－17 所示。

图 3－17 吊车上人近距离检查情况

对死鸟尸体进行清理后，检修人员对 7612A 相 2 分支电容器塔进行不平衡测试和电容量测试，测试结果对比交接试验报告未见异常，判断一次设备在此次鸟害跳闸事件中未出现故障，设备具备重新投入运行的条件。

3.3.2.4 综合分析

（1）不平衡Ⅲ保护动作情况。交流滤波器电容器不平衡保护采用平衡电桥的原理，对电容器塔内的电容故障情况进行监视，正常情况下平衡电桥内无电流，当电容器故障时，电桥电容比值会发生变化，引起电桥上流过不平衡电流，当不平衡电流与穿越电流（即尾端电流）的比值达到定值时，保护动作。

该站 BP11/13 交流滤波器不平衡Ⅲ段系数定值为 0.00181，延时 0.02s 动作跳闸。由故障录波图可以看出，不平衡电流最大时达到 4.3A，尾端电流 233A，不平衡系数为 0.01845，远大于 0.00181，因此，两套保护装置均正确动作。

（2）事件原因分析。通过保护及故障录波图发现，仅 A 相存在故障，故障电流远大于定值，且故障电流无任何规律性，因此电容器击穿的可能性较小，通常单支电容器故障，不平衡电流约为 0.5A，且 5 次谐波比较明显。根据现场检查发现的两只同类且有明显电弧灼伤痕迹死鸟，判断为两只鸟在嬉戏过程中造成电容器塔层间短路引起的不平衡保护动作跳闸，这也是不平衡电流非常大的原因，层间短路相当于同一桥臂的 6 支电容器同时故障。

3.3.3 结论及建议

该换流站周边自然环境恶劣，站内环境相对较好，也无人为干扰，特别适合鸟类筑巢和栖息，多有鸟类在此筑窝栖息，站内鸟患严重，如图 3-18 所示。

图 3-18　站内鸟患及拆下来鸟窝的情况

该站自投运以来，已在交流滤波器围栏内发现 7 只死鸟，直流滤波器场围栏内发现 1 只死鸟，但未导致跳闸事件。为了治理鸟患，前期站内利用全站广播系统每天不间断定期播放猛禽及枪械的声音进行驱鸟，但效果不明显。随后联系技术厂家制定了详细的技术方案，对每组交流滤波器电容塔进行绝缘涂料喷涂，增加电容塔层间电气距离，提高绝缘裕度，已于 2018 年 10 月整改完毕，整改完成后效果良好。

3.4　某换流站极Ⅱ极母线平波电抗器放电故障分析

3.4.1　故障简介

3.4.1.1　故障描述

2017 年 12 月 5 日 10 时 39 分，某换流站运维人员巡检中听到极Ⅱ户内直流场平波电抗器发出短暂放电声音，观察发现电抗器本体外表面中间位置存在瞬时“树枝状”放电现象，随后申请设备紧急停运，利用备品对该平波电抗器进行更换，恢复系统运行，并将故障电抗器返厂进行检查处理。

3.4.1.2　故障设备信息

该换流站极Ⅱ户内直流场平波电抗器，生产时间为 2010 年 1 月，型号为 PKK-660-3030-75G，额定电感为 75mH，电阻值为 0.0201Ω，设备总重 69.2t，2011 年 2 月 28 日投入运行。

3.4.1.3 故障前运行情况

天气晴朗，环境温度 2℃。该换流站 750、330kV 为 3/2 接线，66kV 为单母线接线，1 号和 2 号主变压器并列运行，直流双极大地回线方式，外送功率 4000MW。

3.4.2 故障原因分析

3.4.2.1 现场检查及试验分析

(1) 现场检查。2017 年 12 月 5 日 10 时 39 分，该换流站运维人员巡检时听到极Ⅱ户内直流场极母线平波电抗器（0621PB）有异常声响（类似发令枪声），怀疑为瞬时放电，为进一步确认声源及设备运行工况，立即安排人员持续蹲守跟踪观测。13 时 40 分，通过放电声音初步判断放电点大概位于电抗器本体西北侧中部位置，采用红外测温、定点摄像以及紫外检测等手段持续观察。15 时 11 分，确认放电位置和放电现象，并捕捉到“树枝型”放电影像。16 时 15 分，紫外检测再次捕捉到放电点。

1）蹲守摄像。安排运维人员轮班蹲守观测，进一步确认放电位置，同时利用摄像机持续录像，发现电抗器西北侧本体中部位置存在放电现象，放电位置如图 3-19 所示。

图 3-19 蹲守拍摄平波电抗器放电位置

2）红外测温。对该平波电抗器开展不间断红外测温，最高温度59.7℃，未见明显异常，测温图谱如图3-20所示。

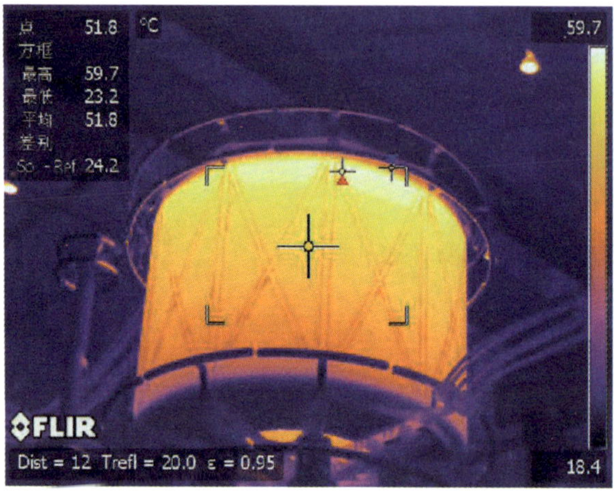

图3-20　平波电抗器红外测温图谱

3）紫外检测。对平波电抗器进行紫外检测，显示放电点位于电抗器本体西北侧中部表面，上下均压环中间位置。

（2）停电检查。确认极Ⅱ极母线平波电抗器（0621PB）存在放电情况后，向国调申请极Ⅱ停运，停电后对极Ⅱ极母线平波电抗器本体进行外观检查，在放电位置及附近未发现任何碳化沟道及放电点，但检查发现故障平波电抗器表面气泡较多，且在故障平波电抗器放电区域外表面存在裂纹（见图3-21）。

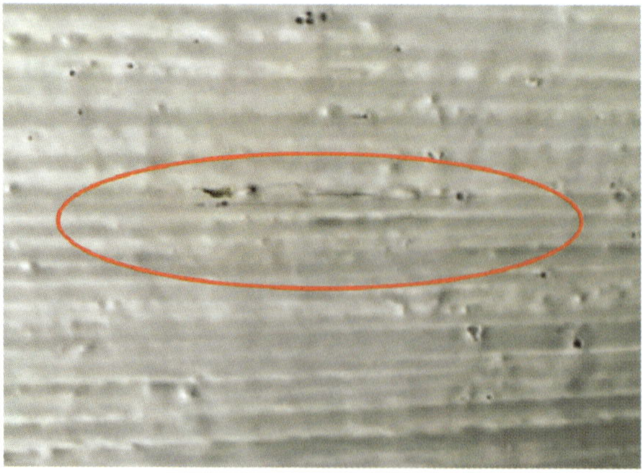

图3-21　故障平波电抗器放电区域表面裂纹

对平波电抗器直流电阻和电感量测试，未发现异常，测试数据如表 3－11 所示。

表 3－11　　平波电抗器直流电阻、电感量测试值

项　目	故障平波电抗器	备用平波电抗器
出厂序号	233534	233501
直流电阻测量值（mΩ）	14.98（环境温度 8.9℃）	14.50（环境温度－2℃）
直流电阻折算值（mΩ）	19.54（折算至 80℃）	19.83（折算至 80℃）
出厂直流电阻值（mΩ）	19.53（折算至 80℃）	19.72（折算至 80℃）
直流电阻测量偏差	0.01%	0.56%
50Hz 电感测量值（mH）	72.306	72.333
50Hz 电感出厂值（mH）	72.303	72.796
50Hz 电感量偏差	0.01%	－0.64%

（3）返厂检查试验。

1）平波电抗器外观检查。故障平波电抗器本体表面粗糙、气泡比较多，层间存在玻璃纤维絮，如图 3－22 所示。

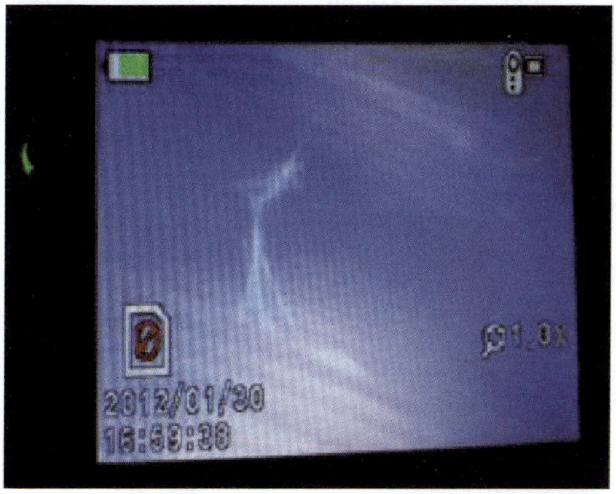

图 3－22　故障平波电抗器层间风道内玻璃纤维絮（内窥镜检查）

2）返厂试验。故障平波电抗器返厂后，经与厂方协商确定试验以及检查方案。例行试验、温升试验、端对端雷电冲击试验均未发现异常。第一次 100%试验电压（871kV）下中频振荡电容放电试验时，发生放电异响并伴有烟雾产生，波形电压约为 733kV。检查发现在故障平波电抗器试验异响和烟雾区域通风道内发现铝箔纸如图 3－23 和图 3－24 所示。

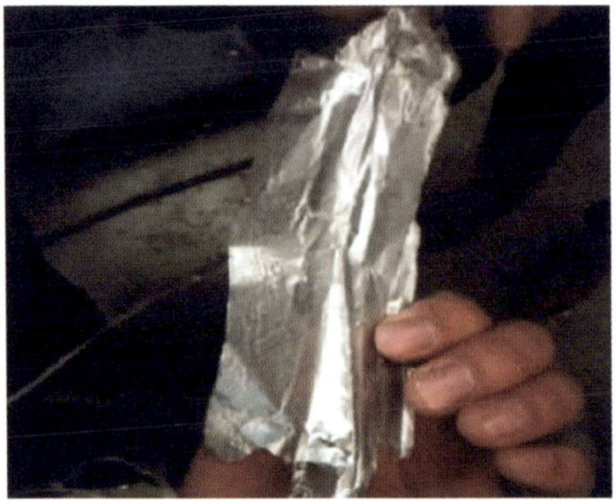

图 3-23 第 17 包封层和第 18 包封层间发现铝箔纸照片

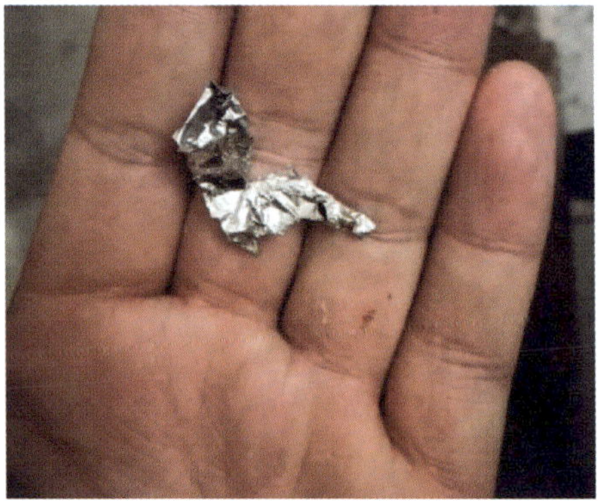

图 3-24 第 9 包封层和第 10 包封层间发现铝箔纸照片

第一处铝箔纸在第 17 包封层和第 18 包封层间，2 号吊臂和 3 号吊臂间（以下出线臂为 1 号吊臂，逆时针方向依次为 2 号、3 号、…、10 号吊臂），距电抗器下端约 300mm 的位置。第二处铝箔纸在第 9 包封层和第 10 包封层间，3 号吊臂和 4 号吊臂间，距电抗器下端约 1000mm 的位置。

在故障平波电抗器试验异响和烟雾区域通风道内发现泡沫海绵物质，该物质位于在第 17 包封层和第 18 包封层间、6 号吊臂和 7 号吊臂间，距电抗器上端约 800mm 的位置。

试验过程中发生异响并伴有烟雾区域与现场运行发生放电区域不一致，如图 3-25 所示。

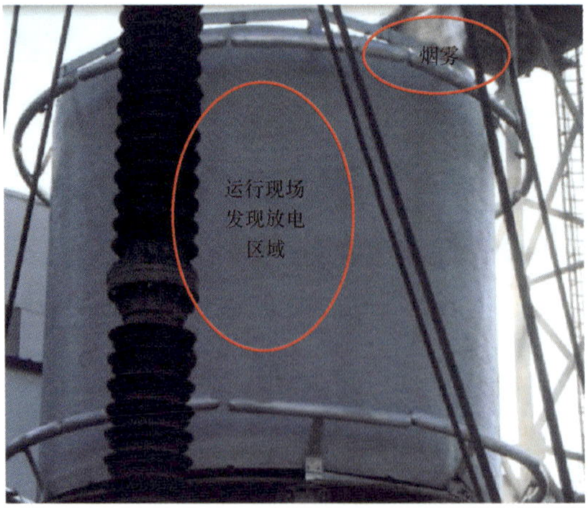

图 3-25 试验过程中平波电抗器产生烟雾

中频振荡电容放电试验异响并伴有烟雾后，暂停高压试验，只进行参数测试。试验结果表明，冲击前后的直流电流、交流电阻、品质因数以及电感均没有较大偏差。

3）测量平波电抗器表面直流泄漏电流情况。对故障平波电抗器现场运行放电区域划分为260个区域，如图3－26所示（13行、20列），对其进行试验（现场试验如图3－27所示）。

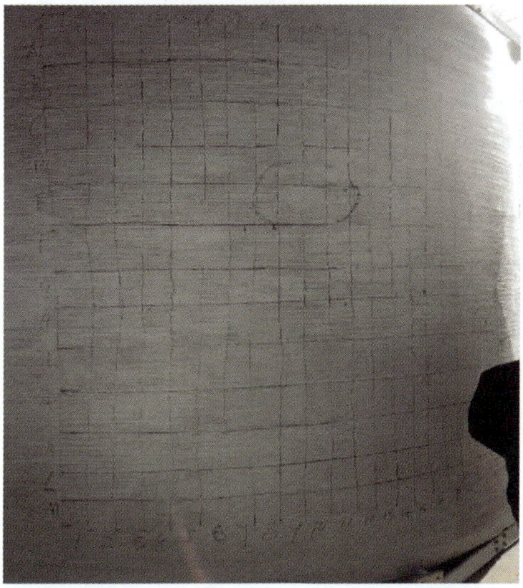

图3－26 平波电抗器现场运行放电区域划分260个区域

图3－27 试验现场图

直流电压数值不应超过绝缘薄膜的耐受值（电压15～30kV），平波电抗器下端接地，上端不接地；直流电压升压设备良好接地，另一端直流电压施加在接触良好的导电材质，在电抗器表面固定加压，5000V直流电压下没有发现泄漏电流异常的情况。在30kV直流电压下测量泄漏电流值，试验发现3处泄漏电流过大区域，分别在E11、H11、H4区域，如图3－28所示。

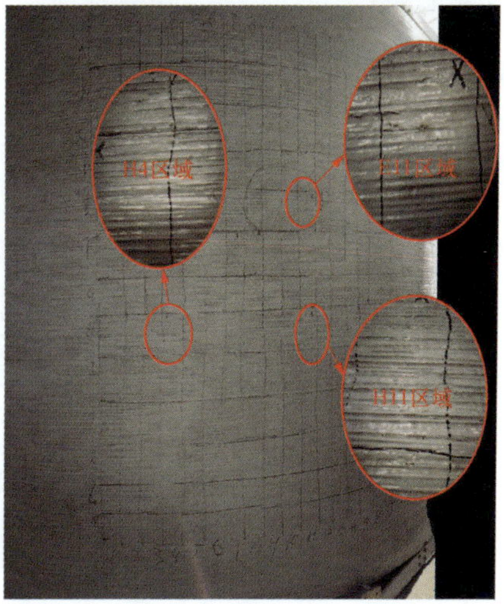

图3－28 泄漏电流较大区域裂纹图

3.4.2.2 解体分析

2018年1月10日，经与厂方协商并制定详细解剖方案。由厂方专业人员进行解剖，厂方准备好解剖工具、做好防护措施。首先使用切割机切开现场运行放电区域扇面，然后对 E11、H11、H4 区域进行品红浸透裂纹通道，最后用手砂轮切割 E11、H11、H4 区域，并用钢钎一层层的撬动外包封层，检查每一层包封层裂纹、放电痕迹情况。

（1）E11 区域解体检查情况（见图 3－29～图 3－34）。

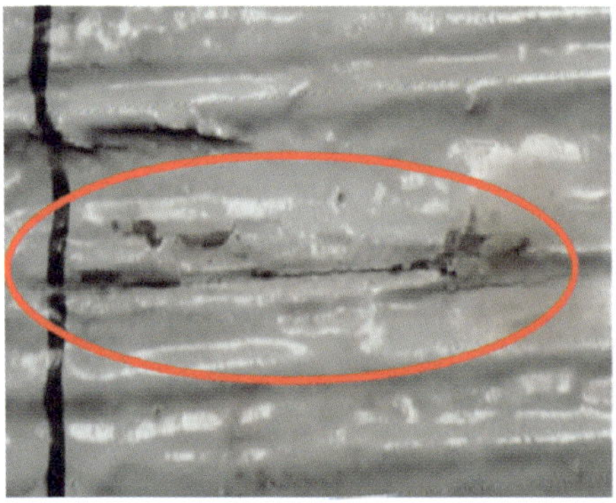

图 3－29　E11 区域左上角存在裂纹

图 3－30　环氧玻璃纱裂纹痕迹

图 3－31　无纺布放电炭黑痕迹

图 3－32　无纺布紧挨导线层放电痕迹

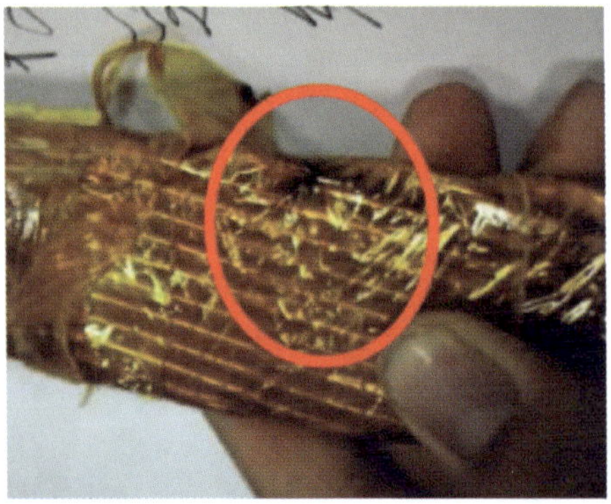

图 3－33　导线绝缘薄膜炭黑痕迹

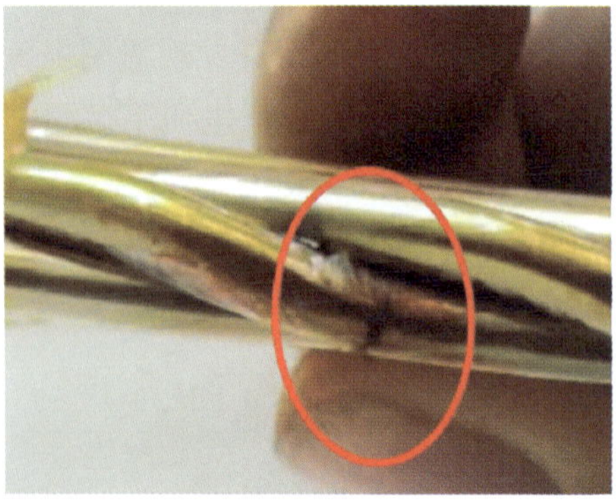

图 3－34　单根导线绝缘薄膜放电烧蚀裂纹

（2）H11 区域解体检查情况（见图 3－35～图 3－40）。

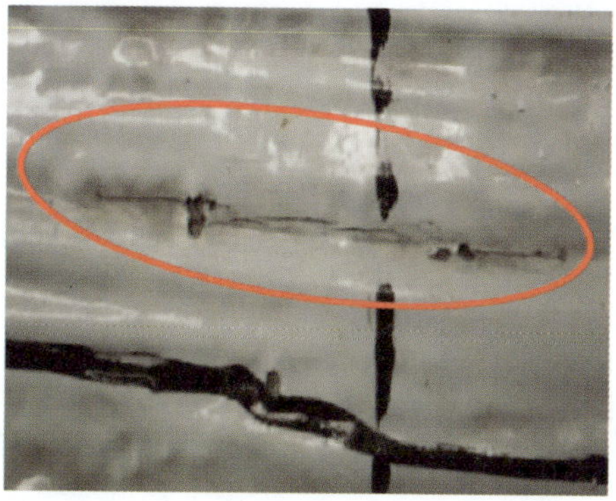

图 3－35 H11 区域右下角存在裂纹

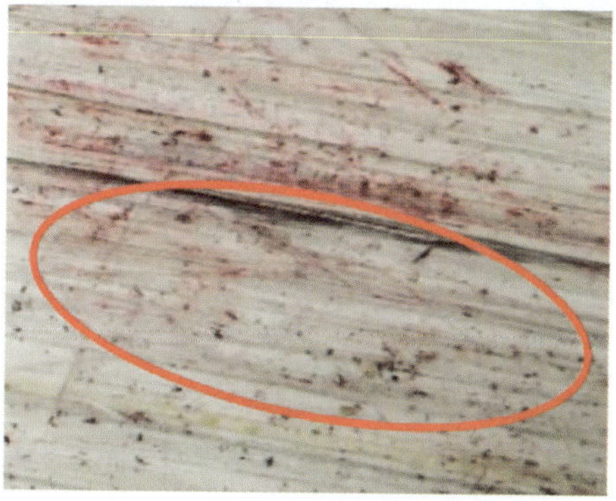

图 3－36 环氧玻璃纱裂纹痕迹

图 3－37 无纺布放电炭黑痕迹

图 3－38 无纺布紧挨导线层放电痕迹

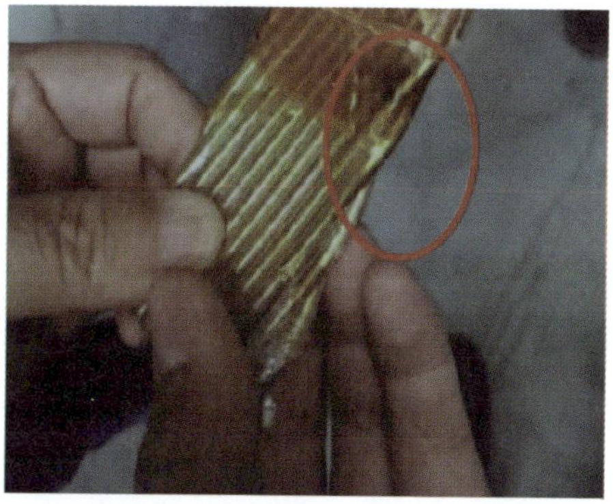

图 3－39 导线薄膜炭黑痕迹

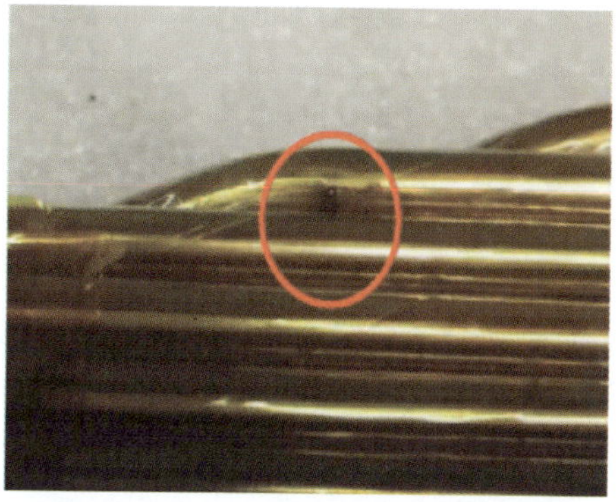

图 3－40 单根导线绝缘薄膜放电烧蚀孔

（3）H4 区域解体检查情况（见图 3－41～图 3－44）。

图 3-41　区域右上角存在裂纹

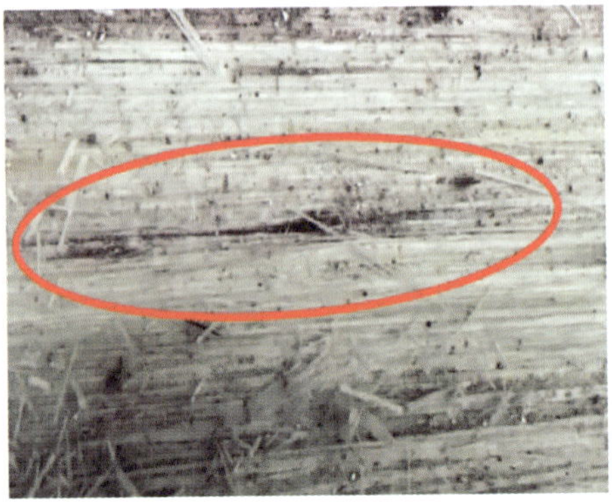

图 3-42　环氧玻璃纱裂纹痕迹

图 3-43　无纺布紧挨导线层放电痕迹

图 3-44　导线绝缘薄膜炭黑痕迹

对平波电抗器 E11、H11、H4 区域检查发现，该三处区域表面绝缘漆开裂；解体发现环氧玻璃纱均存在裂纹以及放电炭黑痕迹；无纺布紧挨导线侧出现放电烧蚀痕迹；导线匝间绝缘薄膜出现烧伤痕迹；单根导线绝缘薄膜有烧蚀痕迹。

3.4.3　结论及建议

3.4.3.1　结论

(1) 设备在运行过程出现"树枝状"瞬时放电原因。该台平波电抗器绝缘漆存在裂纹、破损；解剖发现环氧玻璃纱存在裂缝，无纺布上存在放电炭黑痕迹，导线绝缘薄膜上存在放电烧蚀痕迹，但并没有形成贯穿性放电通道。在长期高负荷运行状态下，由于电抗器外表面绝缘漆及环氧玻璃纤维包封层老化开裂形成缝隙，由于环氧玻璃纤维包封层存在裂纹，空气、灰尘等进入缝隙造成电场局部集中，长时间低能量放电，进一步使包封层绝缘下降，包封表面电压分布的不均匀性越来越大，在高次谐波电压作用下，最终导致外包封层绝缘击穿、沿面放电。

(2) 该换流站返厂平波电抗器运行中“树枝状”放电现象与厂内中频振荡电容放电试验过程中异响烟雾是两个独立事件，两者无相关性，试验中出现异响烟雾的原因为，厂方在做中频振荡电容放电试验前，未对平波电抗器通风道内进行全面检查，并且选取的试验电压为出厂试验值 871kV，未考虑运行 7 年的电气设备绝缘性能下降问题。导致试验过程中第 9 包封层最上层股间导线绝缘击穿（对应现场检查第 9 包封层第 1 处放电痕迹）。

3.4.3.2 建议

(1) 生产厂家针对外包封层出现裂纹对电抗器绝缘性能的影响，以及平波电抗器试验过程中的通风条或包封层间放电现象、通风条或包封层碳化痕迹出现的原因开展研究，提出处理措施。

(2) 对已投运设备，利用停电检修机会喷涂 PRTV 增强其绝缘性能及耐污性能，利用 PRTV 的韧性防止电抗器表面出现开裂。同时对包封层间是否存在异物进行检查清理，户外设备应采取可靠措施防止异物进入。

(3) 对新制造的平波电抗器，建议在最外层增加不带导线的包封层，且每个线圈的内外包封层均铺设网格布；同时喷涂 PRTV 增强其绝缘性能及耐污性能。

4 通信设备类故障

4.1 某换流站主时钟及服务器故障处理分析

4.1.1 故障简介

4.1.1.1 故障描述

2016年7月12日1时，某换流站按照功率曲线进行降功率操作，由3500MW降至3300MW操作正常。

1时5分20秒，后台报出“35小室GPS-B码同步时钟屏失步告警”，瞬时复归。

1时6分起，后台频繁报出：事件处理系统与服务器1 LAN1/2通信故障、事件处理系统与服务器2 LAN1/2通信故障、极1极控系统与服务器1 LAN1/2通信故障、极1极控系统与服务器2 LAN1/2通信故障、极2极控系统与服务器1 LAN1/2通信故障、极2极控系统与服务器2 LAN1/2通信故障、330kV交流站控系统与服务器1 LAN1/2通信故障、330kV交流站控系统与服务器2 LAN1/2通信故障、750kV交流站控系统与服务器1 LAN1/2通信故障、750kV交流站控系统与服务器2 LAN1/2通信故障、站用电与服务器1 LAN1/2通信故障、站用电与服务器2 LAN1/2通信故障等报文，均短时复归。

1时7分30秒起，后台频繁报出：330kV交流站控系统分脉冲故障、750kV交流站控系统分脉冲故障、事件处理系统分脉冲故障、直流站控系统分脉冲故障、极1极控系统装置对时故障、极2极控系统装置对时故障、极1直流保护A、B、C对时分脉冲接收报警、极2直流保护A、B、C对时分脉冲接收报警、极1第1组直流滤波器保护屏系统A、B对时脉冲告警、极1第2组直流滤波器保护屏系统A、B对时脉冲告警、极2第1组直流滤波器保护屏系统A、B对时脉冲告警、极2第2组直流滤波器保护屏系统A、B对时脉冲告警、极 1 直流极保护系统 A、B、C HCM200 软件告警、极 2 直流极保护系统 A、B、C HCM200 软件告警、极 1 直流滤波器保护系统 A、B HCM200 软件告警、极 2 直流滤波器保护系统 A、B HCM200 软件告警等报文，均短时复归。

报文如图 4－1 所示。

2016-07-12,01:05:20:293	直流SER事件	主(A)	114286	330kV交流站控	35小室GPS-B码同步时钟屏失步告警	产生
2016-07-12,01:05:20:293	直流SER事件	从(B)	114286	330kV交流站控	35小室GPS-B码同步时钟屏失步告警	产生
2016-07-12,01:05:26:293	直流SER事件	主(A)	114286	330kV交流站控	35小室GPS-B码同步时钟屏失步告警	消失
2016-07-12,01:05:26:293	直流SER事件	从(B)	114286	330kV交流站控	35小室GPS-B码同步时钟屏失步告警	消失
2016-07-12,01:06:00:027	直流SER事件	主(B)	130374	事件处理系统	分脉冲故障	消失
2016-07-12,01:06:00:038	直流SER事件	主(A)	24330	站用电	站用电控制系统分脉冲故障	消失
2016-07-12,01:06:00:038	直流SER事件	主(B)	119914	330kV交流站控	分脉冲故障	消失
2016-07-12,01:06:00:043	直流SER事件	主(A)	24330	站用电	站用电控制系统分脉冲故障	消失
2016-07-12,01:06:00:392	直流SER事件	主(A)	130485	事件处理系统	事件处理系统与服务器1 LAN2通讯故障	产生
2016-07-12,01:06:00:392	直流SER事件	从(A)	130485	事件处理系统	事件处理系统与服务器1 LAN2通讯故障	产生
2016-07-12,01:06:00:643	直流SER事件	主(A)	102345	极1	极控系统与服务器1LAN2通信故障	产生
2016-07-12,01:06:00:723	直流SER事件	主(A)	102329	极1	极控系统与服务器1LAN1通信故障	消失
2016-07-12,01:06:01:031	直流SER事件	从(A)	130469	事件处理系统	事件处理系统与服务器1 LAN1通讯故障	消失
2016-07-12,01:06:01:118	直流SER事件	主(A)	25330	站用电	与服务器2 LAN2通讯故障	消失
2016-07-12,01:06:01:452	直流SER事件	主(A)	102330	极1	极控系统与服务器2LAN1通信故障	消失
2016-07-12,01:06:01:452	直流SER事件	主(A)	102346	极1	极控系统与服务器2LAN2通信故障	消失
2016-07-12,01:06:01:552	直流SER事件	从(B)	102330	极1	极控系统与服务器2LAN1通信故障	消失
2016-07-12,01:06:01:552	直流SER事件	从(B)	102346	极1	极控系统与服务器2LAN2通信故障	消失
2016-07-12,01:06:01:591	直流SER事件	主(A)	130470	事件处理系统	事件处理系统与服务器2 LAN1通讯故障	产生
2016-07-12,01:06:01:591	直流SER事件	从(A)	130470	事件处理系统	事件处理系统与服务器2 LAN1通讯故障	产生
2016-07-12,01:06:01:682	直流SER事件	从(B)	109330	极2	极控系统与服务器2LAN1通信故障	消失
2016-07-12,01:06:01:682	直流SER事件	从(B)	109346	极2	极控系统与服务器2LAN2通信故障	消失
2016-07-12,01:06:01:842	直流SER事件	主(A)	102329	极1	极控系统与服务器1LAN1通信故障	消失
2016-07-12,01:06:01:852	直流SER事件	从(A)	120026	330kV交流站控	330kV交流站控系统与服务器2 LAN1通讯故障	消失
2016-07-12,01:06:01:901	直流SER事件	从(B)	126669	750kV交流站控	750kV交流站控系统与服务器1 LAN1通讯故障	产生
2016-07-12,01:06:01:917	直流SER事件	主(A)	102345	极1	极控系统与服务器1LAN2通信故障	产生
2016-07-12,01:06:01:932	直流SER事件	从(A)	120042	330kV交流站控	330kV交流站控系统与服务器2 LAN2通讯故障	消失
2016-07-12,01:06:02:061	直流SER事件	主(A)	126670	750kV交流站控	750kV交流站控系统与服务器2 LAN1通讯故障	消失
2016-07-12,01:06:02:061	直流SER事件	主(A)	126686	750kV交流站控	750kV交流站控系统与服务器2 LAN2通讯故障	消失
2016-07-12,01:06:02:082	直流SER事件	主(A)	102346	极1	极控系统与服务器2LAN2通信故障	消失
2016-07-12,01:06:02:141	直流SER事件	从(B)	126686	750kV交流站控	750kV交流站控系统与服务器2 LAN2通讯故障	消失
2016-07-12,01:06:02:158	直流SER事件	主(A)	25314	站用电	与服务器2 LAN1通讯故障	消失

2016-07-12, 01:07:30:022	直流SER事件	主(A)	126574	750kV交流站控	750kV交流站控系统 分脉冲故障	产生
2016-07-12, 01:07:30:022	直流SER事件	从(B)	126574	750kV交流站控	750kV交流站控系统 分脉冲故障	产生
2016-07-12, 01:07:30:024	直流SER事件	从(B)	115914	直流站控	直流站控系统分脉冲故障	产生
2016-07-12, 01:07:30:033	直流SER事件	从(B)	101594	极1	极控系统装置对时故障	产生
2016-07-12, 01:07:30:035	直流SER事件	主(A)	115914	直流站控	直流站控系统分脉冲故障	产生
2016-07-12, 01:07:30:036	直流SER事件	主(A)	101594	极1	极控系统装置对时故障	产生
2016-07-12, 01:07:30:037	直流SER事件	主(B)	119914	330kV交流站控	分脉冲故障	产生
2016-07-12, 01:07:30:038	直流SER事件	从(B)	108594	极2	极控系统装置对时故障	产生
2016-07-12, 01:07:30:041	直流SER事件	主(A)	101594	极1	极控系统装置对时故障	产生
2016-07-12, 01:07:30:041	直流SER事件	主(A)	108594	极2	极控系统装置对时故障	产生
2016-07-12, 01:07:30:043	直流SER事件	主(A)	101207	极1	极1直流极保护系统A HCM200软件告警	产生
2016-07-12, 01:07:30:043	直流SER事件	从(B)	101207	极1	极1直流极保护系统A HCM200软件告警	产生
2016-07-12, 01:07:30:043	直流SER事件	从(B)	108594	极2	极控系统装置对时故障	产生
2016-07-12, 01:07:30:047	直流SER事件	主(A)	101215	极1	极1直流极保护系统B HCM200软件告警	产生
2016-07-12, 01:07:30:047	直流SER事件	从(B)	101215	极1	极1直流极保护系统B HCM200软件告警	产生
2016-07-12, 01:07:30:063	直流SER事件	主(A)	101223	极1	极1直流极保护系统C HCM200软件告警	产生
2016-07-12, 01:07:30:076	直流SER事件	主(A)	100635	极1直流保护B	对时分脉冲接收报警	产生
2016-07-12, 01:07:30:076	直流SER事件	从(B)	100635	极1直流保护B	对时分脉冲接收报警	产生
2016-07-12, 01:07:30:077	直流SER事件	主(A)	101207	极1	极1直流极保护系统A HCM200软件告警	产生
2016-07-12, 01:07:30:078	直流SER事件	主(A)	100475	极1直流保护A	对时分脉冲接收报警	产生
2016-07-12, 01:07:30:078	直流SER事件	从(B)	100475	极1直流保护A	对时分脉冲接收报警	产生
2016-07-12, 01:07:30:084	直流SER事件	主(A)	101215	极1	极1直流极保护系统B HCM200软件告警	产生
2016-07-12, 01:07:30:093	直流SER事件	主(A)	107475	极2直流保护A	对时分脉冲接收报警	产生
2016-07-12, 01:07:30:093	直流SER事件	从(B)	107475	极2直流保护A	对时分脉冲接收报警	产生
2016-07-12, 01:07:30:094	直流SER事件	主(A)	101223	极1	极1直流极保护系统C HCM200软件告警	产生
2016-07-12, 01:07:30:094	直流SER事件	主(A)	107635	极2直流保护B	对时分脉冲接收报警	产生
2016-07-12, 01:07:30:094	直流SER事件	从(B)	101223	极1	极1直流极保护系统C HCM200软件告警	产生
2016-07-12, 01:07:30:094	直流SER事件	从(B)	107635	极2直流保护B	对时分脉冲接收报警	产生
2016-07-12, 01:07:30:102	直流SER事件	主(A)	108207	极2	极2直流极保护系统A HCM200软件告警	产生
2016-07-12, 01:07:30:102	直流SER事件	从(B)	108207	极2	极2直流极保护系统A HCM200软件告警	产生
2016-07-12, 01:07:30:103	直流SER事件	主(A)	108215	极2	极2直流极保护系统B HCM200软件告警	产生
2016-07-12, 01:07:30:103	直流SER事件	从(B)	108215	极2	极2直流极保护系统B HCM200软件告警	产生
2016-07-12, 01:07:30:105	直流SER事件	主(A)	107795	极2直流保护C	对时分脉冲接收报警	产生
2016-07-12, 01:07:30:105	直流SER事件	从(B)	107795	极2直流保护C	对时分脉冲接收报警	产生
2016-07-12, 01:07:30:113	直流SER事件	主(A)	108223	极2	极2直流极保护系统C HCM200软件告警	产生
2016-07-12, 01:07:30:113	直流SER事件	从(B)	108223	极2	极2直流极保护系统C HCM200软件告警	产生
2016-07-12, 01:07:30:121	直流SER事件	主(A)	101227	极1	极1直流滤波器保护系统A HCM200软件告警	产生
2016-07-12, 01:07:30:128	直流SER事件	主(A)	100795	极1直流保护C	对时分脉冲接收报警	产生
2016-07-12, 01:07:30:128	直流SER事件	从(B)	100795	极1直流保护C	对时分脉冲接收报警	产生
2016-07-12, 01:07:30:166	直流SER事件	主(A)	101235	极1	极1直流滤波器保护系统B HCM200软件告警	产生
2016-07-12, 01:07:30:166	直流SER事件	从(B)	101235	极1	极1直流滤波器保护系统B HCM200软件告警	产生
2016-07-12, 01:07:30:178	直流SER事件	主(A)	101227	极1	极1直流滤波器保护系统A HCM200软件告警	产生
2016-07-12, 01:07:30:178	直流SER事件	从(B)	101227	极1	极1直流滤波器保护系统A HCM200软件告警	产生
2016-07-12, 01:07:30:183	直流SER事件	主(A)	101235	极1	极1直流滤波器保护系统B HCM200软件告警	产生
2016-07-12, 01:07:30:187	直流SER事件	主(A)	108452	极2第2组直流滤波器保护屏系统B	对时脉冲告警	产生
2016-07-12, 01:07:30:187	直流SER事件	从(B)	108452	极2第2组直流滤波器保护屏系统B	对时脉冲告警	产生

图 4－1 运行人员工作站报文

4.1.1.2 故障设备信息

该换流站异常时钟系统型号为 TimeDA2000。

4.1.1.3 故障前运行情况

晴朗天气，环境温度19℃。该换流站750kV系统、330kV系统为3/2接线，66kV系统为单母线接线，1号和2号主变压器并列运行，直流双极大地回线方式，输送功率3300MW。

4.1.2 故障原因分析

4.1.2.1 现场检查及试验分析

（1）现场检查处理情况。后台OWS报警后，交流站控、直流站控、极保护装置在发生告警时相应屏柜报警红灯亮，报警复归后红灯灭，对GPS主时钟屏GPS主机及扩展装置进行检查，未发现异常。现场运维人员检查服务器1、2上的对象、历史、前置、对时进程，发现上述程序频繁刷新在线/离线信息。现场人员初步分析为GPS对时异常导致服务器进程频繁在线/离线，现场立即对服务器2对象、历史、前置、对时进程进行关闭操作。

为保证1时30分功率正常升降，1时28分向国调申请将该站系统层控制级别由系统主控站切换至系统从站。由于服务器1、2上的对象、历史、前置、对时进程频繁刷新在线/离线信息，胶东站发出主控站切换请求命令，该站无法进行主控站释放操作，同时OWS显示设备状态同步在无效状态和有效状态频繁转换（当对象、前置丢失时OWS各界面处于无效状态，开关刀闸位置丢失均为绿色无效状态，顺控界面各状态均为绿色无效状态，直流功率整定界面报错为无效状态）。

当班值长立即将该情况汇报国调，国调通知维持功率曲线进行处理，随后国调通知临时修改功率曲线，3：15～10：00保持3300MW。2时55分，经多次尝试后，服务器1、2相关进程关闭成功。

为避免GPS对时异常再次导致服务器进程紊乱，现场仅启动服务器2对象、历史、前置进程，3时34分，向国调汇报本站服务器2恢复运行，该站具备功率升降操作条件，国调通知恢复原功率曲线；3时36分，运维人员在OWS后台开始直流功率3300～2800MW操作；3时51分，功率恢复至日调度曲线要求。为保证直流功率升降可靠，8时，功率升降完毕后，该换流站申请将该站系统层控制级别由系统主控站切换至系统从站，随后将服务器1对象、历史、前置进程启动成功，OWS监视系统数据状态正常。

（2）主时钟测试分析。由于现场主时钟装置已无对时报警，为进一步分析故障原因，自 7 月 12 日晚间开始，现场采用精密时钟监测装置 TIMEACC－001 对该站 TIMEDA2000 装置及扩展装置进行测试检测，抓取故障时间段两处，且在故障期内时钟存在时间跳变现象，如图 4－2 所示。

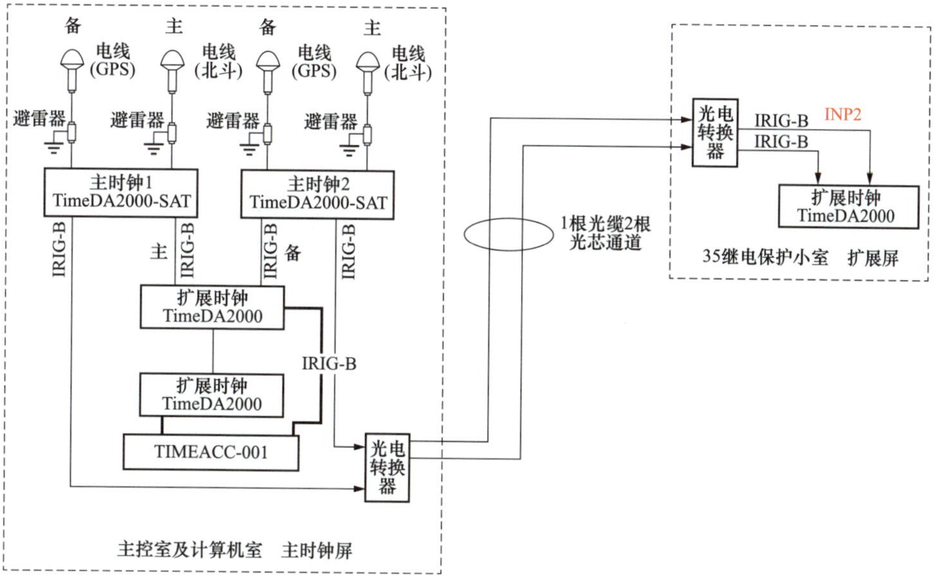

图 4－2　时钟监测原理图

1）北京时间 7 月 13 日 2 时 23 分，国网宁夏电力科学研究院测试仪表在交换机处测得扩展时钟 NTP 时间发生 3s 跳变，数据截图（原始记录数据为 UTC 时间）如图 4－3 红色标识处，显示 NTP 信号的秒级偏差为＋3s，跳变共持续 6min 左右。

	A	B	C	D	E	F	G	H	I	J	K
1	Date	Time	Sync-S	Satelli	Ref-Errc	偏差(s	偏差(ns)	还路(s)	还路(ns)	间隔(s)	间隔(ns)
14425	2016/7/12	18:27:18.567719296	SAT1	8	8	0	30795	0	180064	1	977056
14426	2016/7/12	18:27:19.561717160	SAT1	8	8	0	31863	0	177928	0	993997864
14427	2016/7/12	18:27:20.562744632	SAT1	8	16	0	31447	0	178040	1	1027472
14428	2016/7/12	18:27:21.572725456	SAT1	8	0	0	32067	0	178128	1	9980824
14429	2016/7/12	18:27:22.577728768	SAT1	8	0	0	32003	0	177824	1	5003312
14430	2016/7/12	18:27:23.565721848	SAT1	9	0	3	31799	0	178776	0	987993080
14431	2016/7/12	18:27:24.572756440	SAT1	8	0	3	36079	0	186520	1	7034592
14432	2016/7/12	18:27:25.578741792	SAT1	9	8	3	31847	0	178360	1	5985352
14433	2016/7/12	18:27:26.566767040	SAT1	8	8	3	36027	0	186416	0	988025248
14434	2016/7/12	18:27:27.568757368	SAT1	8	-8	3	35771	0	185760	1	1990328
14435	2016/7/12	18:27:28.573787048	SAT1	8	-8	3	41203	0	197184	1	5029680
14436	2016/7/12	18:27:29.574765056	SAT1	8	-8	3	35951	0	186696	1	978008
14437	2016/7/12	18:27:30.580781616	SAT1	8	-8	3	41011	0	196536	1	6016560
14438	2016/7/12	18:27:31.579783464	SAT1	8	-8	3	41459	0	196928	0	999001848
14439	2016/7/12	18:27:32.562788408	SAT1	8	-8	3	41399	0	196096	0	983004944
14440	2016/7/12	18:27:33.564802264	SAT1	8	0	3	41187	0	196984	1	2013856
14441	2016/7/12	18:27:34.565813880	SAT1	8	0	3	41771	0	198584	1	1011616
14442	2016/7/12	18:27:35.564798928	SAT1	8	0	3	41603	0	197144	0	998985048
14443	2016/7/12	18:27:36.563795032	SAT1	8	8	3	41459	0	196664	0	998996104
14444	2016/7/12	18:27:37.562809368	SAT1	8	8	3	41383	0	197184	0	999014336
14445	2016/7/12	18:27:38.562817280	SAT1	9	16	3	41759	0	198160	1	7912
14446	2016/7/12	18:27:39.561817696	SAT1	8	0	3	42287	0	199248	0	999000416
14447	2016/7/12	18:27:40.562812504	SAT1	8	0	3	42243	0	198776	1	994808
14448	2016/7/12	18:27:41.561829248	SAT1	8	0	3	42751	0	200080	0	999016744
14449	2016/7/12	18:27:42.561821336	SAT1	8	0	3	42383	0	199120	0	999992088
14450	2016/7/12	18:27:43.562827656	SAT1	8	0	3	43015	0	200424	1	1006320
14451	2016/7/12	18:27:44.561841992	SAT1	8	8	3	33735	0	181336	0	999014336
14452	2016/7/12	18:27:45.561845120	SAT1	8	8	3	37495	0	188712	1	3128

图 4－3　北京时间 7 月 13 日 2 时 23 分 NTP 信号跳变记录

同时，TIMEACC－001 装置测试的扩展时钟 IRIG－B 信号也发现被测量 B 码信号的时间发生＋3s 跳变，如图 4－4 蓝色和红色处，其中红色处本应为第 16 秒，但测量值为第 19s，被测量扩展时钟输出的 B 码时间发生＋3s 的跳变。

	A	B	C	D	E	F	G
1	channel	measuretime	status	timecode	[hr|min|sec|days|year|eof	errors	carrier 1
4713	8	2016/7/12 18:27	48	1468376830	02271019516IE0144000	37	0
4714	8	2016/7/12 18:27	48	1468376831	02271119516IE0144011	37	0
4715	8	2016/7/12 18:27	48	1468376832	02271219516IE0144011	37	0
4716	8	2016/7/12 18:27	48	1468376833	02271319516IE0144000	37	0
4717	8	2016/7/12 18:27	48	1468376834	02271419516IE0144011	37	0
4718	8	2016/7/12 18:27	48	1468376835	02271519516IE0144000	37	0
4719	8	2016/7/12 18:27	48	1468376839	02271919516IE0144000	37	0
4720	8	2016/7/12 18:27	4c	1468376840	02272019516IE0144000	38	0
4721	8	2016/7/12 18:27	4c	1468376841	02272119516IE0144011	39	0
4722	8	2016/7/12 18:27	4c	1468376842	02272219516IE0144011	40	0
4723	8	2016/7/12 18:27	48	1468376843	02272319516IE0144000	40	0
4724	8	2016/7/12 18:27	48	1468376844	02272419516IE0144011	40	0
4725	8	2016/7/12 18:27	48	1468376845	02272519516IE0144000	40	0
4726	8	2016/7/12 18:27	48	1468376846	02272619516IE0144000	40	0
4727	8	2016/7/12 18:27	48	1468376847	02272719516IE0144011	40	0
4728	8	2016/7/12 18:27	48	1468376848	02272819516IE0144011	40	0
4729	8	2016/7/12 18:27	48	1468376849	02272919516IE0144000	40	0
4730	8	2016/7/12 18:27	48	1468376850	02273019516IE0144011	40	0
4731	8	2016/7/12 18:27	48	1468376851	02273119516IE0144000	40	0
4732	8	2016/7/12 18:27	48	1468376852	02273219516IE0144000	40	0
4733	8	2016/7/12 18:27	48	1468376853	02273319516IE0144011	40	0
4734	8	2016/7/12 18:27	48	1468376854	02273419516IE0144000	40	0
4735	8	2016/7/12 18:27	48	1468376855	02273519516IE0144011	40	0
4736	8	2016/7/12 18:27	48	1468376856	02273619516IE0144011	40	0
4737	8	2016/7/12 18:27	48	1468376857	02273719516IE0144000	40	0

输出时间由 15s 跳变至 19s

图 4－4　北京时间 7 月 13 日 2 时 27 分 B 码信号跳变记录

2）北京时间 7 月 14 日 10 时 29 分，国网宁夏电力科学研究院测试仪表测得扩展时钟 NTP 时间再次发生 3s 跳变，数据截图（原始记录数据为 UTC 时间）如图 4－5 红色标识处，显示 NTP 信号的秒级偏差为＋3s，时间反复持续跳变至 11 点 5 分（共计 36min 左右）。

	A	B	C	D	E	F	G	H	I	J	K
1	Date	Time	Sync-S	Satelli	Ref-Errc	偏差(s)	偏差(ns)	还踪(s)	还踪(ns)	间隔(s)	间隔(ns)
129754	2016/7/14	02:29:27.564325968	SAT1	8	-8	0	43727	0	201632	0	999994096
129755	2016/7/14	02:29:28.563342320	SAT1	8	0	0	33279	0	181440	0	999016352
129756	2016/7/14	02:29:29.562333216	SAT1	8	0	0	34851	0	183576	0	998990896
129757	2016/7/14	02:29:30.561342856	SAT1	7	-16	0	33159	0	181072	0	999009640
129758	2016/7/14	02:29:31.561341752	SAT1	7	8	0	33883	0	182312	0	999998896
129759	2016/7/14	02:29:32.581357560	SAT1	7	8	0	33575	0	181712	1	20015808
129760	2016/7/14	02:29:33.581343016	SAT1	7	16	0	32703	0	180880	0	999985456
129761	2016/7/14	02:29:34.580354072	SAT1	8	0	0	33195	0	180776	0	999011056
129762	2016/7/14	02:29:35.579368032	SAT1	7	-16	3	33603	0	184112	0	999013960
129763	2016/7/14	02:29:36.579360216	SAT1	7	0	3	37579	0	189432	0	999992184
129764	2016/7/14	02:29:37.579377360	SAT1	7	8	3	33279	0	180320	1	17144
129765	2016/7/14	02:29:38.579371920	SAT1	7	16	3	33759	0	182400	0	999994560
129766	2016/7/14	02:29:39.579386664	SAT1	7	0	3	33335	0	181040	1	14744
129767	2016/7/14	02:29:40.579380776	SAT1	7	-16	3	33743	0	182080	0	999994112
129768	2016/7/14	02:29:41.579393640	SAT1	7	0	3	32215	0	178752	1	12864
129769	2016/7/14	02:29:42.579388184	SAT1	7	8	3	33419	0	181088	0	999994544
129770	2016/7/14	02:29:43.579401488	SAT1	7	8	3	32939	0	180736	1	13304
129771	2016/7/14	02:29:44.579395096	SAT1	7	16	3	33279	0	180632	0	999993608
129772	2016/7/14	02:29:45.579412712	SAT1	7	0	3	35187	0	185680	1	17616
129773	2016/7/14	02:29:46.579403936	SAT1	7	8	3	34263	0	183080	0	999991224
129774	2016/7/14	02:29:47.580406056	SAT1	7	-16	3	33343	0	181880	1	1002120
129775	2016/7/14	02:29:48.579421440	SAT1	7	0	3	33923	0	181808	0	999015384
129776	2016/7/14	02:29:49.579414096	SAT1	7	8	3	33215	0	181304	0	999992656
129777	2016/7/14	02:29:50.580425312	SAT1	6	8	3	32155	0	178816	1	1011216
129778	2016/7/14	02:29:51.579421968	SAT1	6	16	3	32391	0	180200	0	998996656
129779	2016/7/14	02:29:52.564433872	SAT1	6	8	3	32219	0	179264	0	985011904
129780	2016/7/14	02:29:53.570428920	SAT1	6	-8	3	32643	0	180208	1	5995048
129781	2016/7/14	02:29:54.560442888	SAT1	6	-8	3	31551	0	177960	0	990013968

输出时间持续 3s 跳变

图 4－5　北京时间 7 月 14 日 10 时 29 分 NTP 信号跳变记录

同时，TIMEACC－001 装置测试的扩展时钟 IRIG－B 信号也发现被测量 B 码信号的时间发生＋3s 跳变，如图 4－6 蓝色和红色处，其中红色处本应为第 28 秒，但测量值为第 31s，被测量扩展时钟输出的 B 码时间发生＋3s 的跳变。

1	channel	measuretime	status	timecode	[hr|min|sec|days|year|e	errors	carrier level
4841	7	2016/7/14 2:29	48	1468492160	10292019616IE0144011	49	0
4842	7	2016/7/14 2:29	48	1468492161	10292119616IE0144000	49	0
4843	7	2016/7/14 2:29	48	1468492162	10292219616IE014400)	49	0
4844	7	2016/7/14 2:29	48	1468492163	10292319616IE01440:.1	49	0
4845	7	2016/7/14 2:29	48	1468492164	10292419616IE01440(0	49	0
4846	7	2016/7/14 2:29	48	1468492165	10292519616IE0144011	49	0
4847	7	2016/7/14 2:29	48	1468492166	10292619616IE0144011	49	0
4848	7	2016/7/14 2:29	48	1468492167	10292719616IE0144000	49	0
4849	7	2016/7/14 2:29	48	1468492171	10293119616IE0144011	49	0
4850	7	2016/7/14 2:29	4c	1468492172	10293219616IE0144011	50	0
4851	7	2016/7/14 2:29	4c	1468492173	10293319616IE0144000	51	0
4852	7	2016/7/14 2:29	4c	1468492174	10293419616IE0144011	52	0
4853	7	2016/7/14 2:29	48	1468492175	10293519616IE0144000	52	0
4854	7	2016/7/14 2:29	48	1468492176	10293619616IE0144000	52	0
4855	7	2016/7/14 2:29	48	1468492177	10293719616IE0144011	52	0
4856	7	2016/7/14 2:29	48	1468492178	10293819616IE0144011	52	0
4857	7	2016/7/14 2:29	48	1468492179	10293919616IE0144000	52	0
4858	7	2016/7/14 2:29	48	1468492180	10294019616IE0144011	52	0
4859	7	2016/7/14 2:29	48	1468492181	10294119616IE0144000	52	0
4860	7	2016/7/14 2:29	48	1468492182	10294219616IE0144000	52	0
4861	7	2016/7/14 2:29	48	1468492183	10294319616IE0144011	52	0
4862	7	2016/7/14 2:29	48	1468492184	10294419616IE0144000	52	0
4863	7	2016/7/14 2:29	48	1468492185	10294519616IE0144011	52	0
4864	7	2016/7/14 2:29	48	1468492186	10294619616IE0144011	52	0

输出时间 3s 跳变，由 27s 跳变至 31s

图 4－6　北京时间 7 月 14 日 10 时 29 分 B 码信号跳变记录

对两个设备的测量数据进行了比对，以上两个时间段的时间异常跳变现象基本一致。

3）对服务器日志文件进行对应时间检查，发现在同一个时间段内，服务器日志文件记录时间也出现跳变，如图 4－7 和图 4－8 红框处所示。

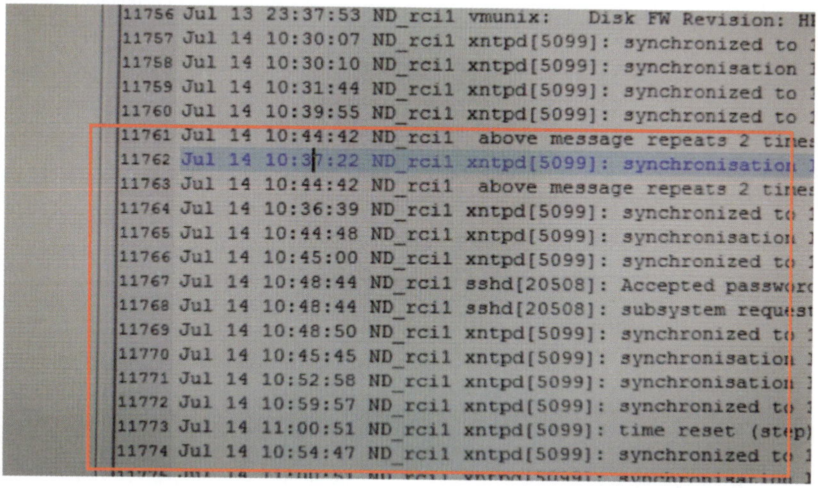

```
11756 Jul 13 23:37:53 ND_rcil vmunix:   Disk FW Revision: HI
11757 Jul 14 10:30:07 ND_rcil xntpd[5099]: synchronized to
11758 Jul 14 10:30:10 ND_rcil xntpd[5099]: synchronisation
11759 Jul 14 10:31:44 ND_rcil xntpd[5099]: synchronized to
11760 Jul 14 10:39:55 ND_rcil xntpd[5099]: synchronized to
11761 Jul 14 10:44:42 ND_rcil  above message repeats 2 times
11762 Jul 14 10:37:22 ND_rcil xntpd[5099]: synchronisation
11763 Jul 14 10:44:42 ND_rcil  above message repeats 2 times
11764 Jul 14 10:36:39 ND_rcil xntpd[5099]: synchronized to
11765 Jul 14 10:44:48 ND_rcil xntpd[5099]: synchronisation
11766 Jul 14 10:45:00 ND_rcil xntpd[5099]: synchronized to
11767 Jul 14 10:48:44 ND_rcil sshd[20508]: Accepted password
11768 Jul 14 10:48:44 ND_rcil sshd[20508]: subsystem request
11769 Jul 14 10:48:50 ND_rcil xntpd[5099]: synchronized to
11770 Jul 14 10:45:45 ND_rcil xntpd[5099]: synchronisation
11771 Jul 14 10:52:58 ND_rcil xntpd[5099]: synchronisation
11772 Jul 14 10:59:57 ND_rcil xntpd[5099]: synchronized to
11773 Jul 14 11:00:51 ND_rcil xntpd[5099]: time reset (step)
11774 Jul 14 10:54:47 ND_rcil xntpd[5099]: synchronized to
```

图 4－7　北京时间 7 月 14 日 10 时 29 分服务器日志记录

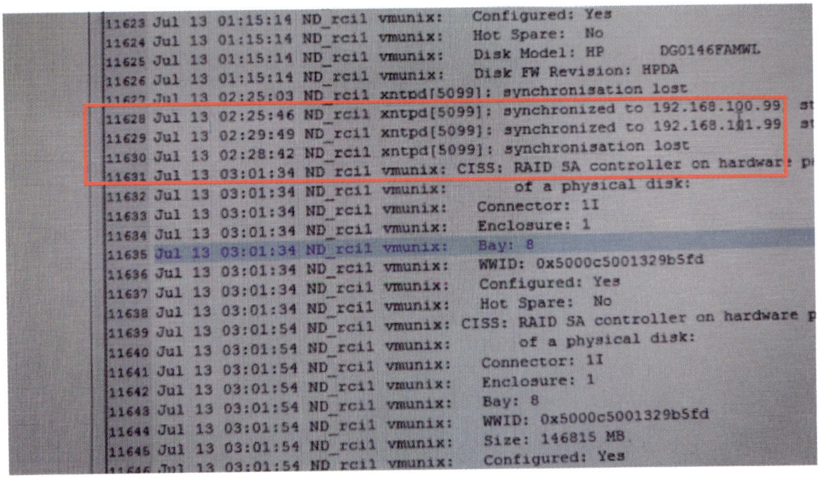

图 4-8　北京时间 7 月 13 日 2 时 29 分服务器日志记录

对 7 月 13～14 日同一时段的 OWS 后台报文进行检查，发现 OWS 后台同一时间段内报出“35 小室 GPS-B 码同步时钟屏时钟告警”，如表 4-1 所示。

表 4-1　某换流站交流站控故障报文

时　间	类　型	位置	报文编码	详细位置	报　文	状态
2016-07-13，02：23：33：328	直流 SER 事件	主（B）	114286	330kV 交流站控	35 小室 GPS-B 码同步时钟屏失步告警	产生
2016-07-13，02：23：33：328	直流 SER 事件	从（A）	114286	330kV 交流站控	35 小室 GPS-B 码同步时钟屏失步告警	产生
2016-07-13，02：23：39：328	直流 SER 事件	主（B）	114286	330kV 交流站控	35 小室 GPS-B 码同步时钟屏失步告警	消失
2016-07-13，02：23：39：328	直流 SER 事件	从（A）	114286	330kV 交流站控	35 小室 GPS-B 码同步时钟屏失步告警	消失
2016-07-13，02：24：08：325	直流 SER 事件	主（B）	114286	330kV 交流站控	35 小室 GPS-B 码同步时钟屏失步告警	产生
2016-07-13，02：24：08：325	直流 SER 事件	从（A）	114286	330kV 交流站控	35 小室 GPS-B 码同步时钟屏失步告警	产生
2016-07-13，02：24：14：319	直流 SER 事件	主（B）	114286	330kV 交流站控	35 小室 GPS-B 码同步时钟屏失步告警	消失
2016-07-13，02：24：14：319	直流 SER 事件	从（A）	114286	330kV 交流站控	35 小室 GPS-B 码同步时钟屏失步告警	消失
2016-07-13，02：24：32：324	直流 SER 事件	主（B）	114286	330kV 交流站控	35 小室 GPS-B 码同步时钟屏失步告警	产生

续表

时　间	类　型	位置	报文编码	详细位置	报　文	状态
2016－07－13，02：24：32：324	直流 SER 事件	从（A）	114286	330kV 交流站控	35 小室 GPS－B 码同步时钟屏失步告警	产生
2016－07－13，02：24：38：324	直流 SER 事件	主（B）	114286	330kV 交流站控	35 小室 GPS－B 码同步时钟屏失步告警	消失
2016－07－13，02：24：38：324	直流 SER 事件	从（A）	114286	330kV 交流站控	35 小室 GPS－B 码同步时钟屏失步告警	消失
2016－07－13，02：25：02：313	直流 SER 事件	主（B）	114286	330kV 交流站控	35 小室 GPS－B 码同步时钟屏失步告警	产生
2016－07－13，02：25：02：313	直流 SER 事件	从（A）	114286	330kV 交流站控	35 小室 GPS－B 码同步时钟屏失步告警	产生
2016－07－13，02：25：08：314	直流 SER 事件	主（B）	114286	330kV 交流站控	35 小室 GPS－B 码同步时钟屏失步告警	消失
2016－07－13，02：25：08：314	直流 SER 事件	从（A）	114286	330kV 交流站控	35 小室 GPS－B 码同步时钟屏失步告警	消失

4）通过调取 TIMEACC－001 精密时钟监测装置内部日志文件发现（见图 4－9），7 月 13 日 2 时 23 分输出多条告警日志，显示接收模块接收到来自空中的、卫星接收模块无法识别的异常信号，时间点与后台报文、服务器日志一致，可判断当时存在外部干扰。

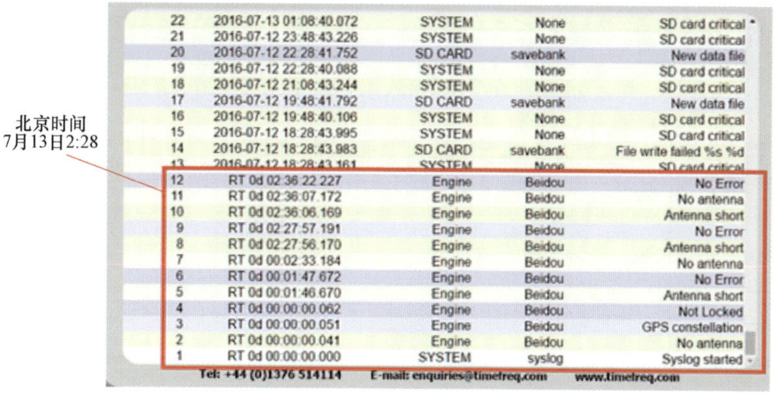

22	2016-07-13 01:08:40.072	SYSTEM	None	SD card critical
21	2016-07-12 23:48:43.226	SYSTEM	None	SD card critical
20	2016-07-12 22:28:41.752	SD CARD	savebank	New data file
19	2016-07-12 22:28:40.088	SYSTEM	None	SD card critical
18	2016-07-12 21:08:43.244	SYSTEM	None	SD card critical
17	2016-07-12 19:48:41.792	SD CARD	savebank	New data file
16	2016-07-12 19:48:40.106	SYSTEM	None	SD card critical
15	2016-07-12 18:28:43.995	SYSTEM	None	SD card critical
14	2016-07-12 18:28:43.983	SD CARD	savebank	File write failed %s %d
13	2016-07-12 18:28:43.161	SYSTEM	None	SD card critical
12	RT 0d 02:36:22.227	Engine	Beidou	No Error
11	RT 0d 02:36:07.172	Engine	Beidou	No antenna
10	RT 0d 02:36:06.169	Engine	Beidou	Antenna short
9	RT 0d 02:27:57.191	Engine	Beidou	No Error
8	RT 0d 02:27:56.170	Engine	Beidou	Antenna short
7	RT 0d 00:02:33.184	Engine	Beidou	No antenna
6	RT 0d 00:01:47.672	Engine	Beidou	No Error
5	RT 0d 00:01:46.670	Engine	Beidou	Antenna short
4	RT 0d 00:00:00.062	Engine	Beidou	Not Locked
3	RT 0d 00:00:00.051	Engine	Beidou	GPS constellation
2	RT 0d 00:00:00.041	Engine	Beidou	No antenna
1	RT 0d 00:00:00.000	SYSTEM	syslog	Syslog started

Tel: +44 (0)1376 514114　E-mail: enquiries@timefreq.com　www.timefreq.com

图 4－9　TIMEACC－001 精密时钟监测装置日志文件

5）经排查发现，距离该换流站直线距离 7km 处 330kV 某变电站在同一时段主时钟（BD/GPS）也出现对时信号丢失现象，进一步验证存在外部干扰，如表 4－2 所示。

表 4-2　某 330kV 变电站故障报文

时间	故障报文
08：55：26：815	综合室公用测控-CSI200EA（开入 39）GPS 对时计算机室柜 B1（1）B 码消失信号已复归
08：55：25：387	综合室公用测控-CSI200EA（开入 42）GPS 对时计算机室柜 B1（2）GPS 信号消失 信号已复归
08：53：25：394	综合室公用测控-CSI200EA（开入 38）GPS 对时计算机室柜 B1（1）GPS 信号消失 信号已复归
08：28：27：790	综合室公用测控-CSI200EA（开入 39）GPS 对时计算机室柜 B1（1）B 码消失！
08：27：38：612	综合室公用测控-CSI200EA（开入 42）GPS 对时计算机室柜 B1（2）GPS 信号消失！
07：36：01：612	综合室公用测控-CSI200EA（开入 38）GPS 对时计算机室柜 B1（1）GPS 信号消失！
07：33：07：398	综合室公用测控-CSI200EA（开入 38）GPS 对时计算机室柜 B1（1）GPS 信号消失 信号已复归
05：55：07：609	综合室公用测控-CSI200EA（开入 38）GPS 对时计算机室柜 B1（1）GPS 信号消失！
03：11：12：408	综合室公用测控-CSI200EA（开入 38）GPS 对时计算机室柜 B1（1）GPS 信号消失 信号已复归
03：08：44：834	综合室公用测控-CSI200EA（开入 39）GPS 对时计算机室柜 B1（1）B 码消失信号已复归
03：08：43：409	综合室公用测控-CSI200EA（开入 42）GPS 对时计算机室柜 B1（2）GPS 信号消失 信号已复归
01：57：23：624	综合室公用测控-CSI200EA（开入 38）GPS 对时计算机室柜 B1（1）GPS 信号消失！
01：55：19：414	综合室公用测控-CSI200EA（开入 38）GPS 对时计算机室柜 B1（1）GPS 信号消失 信号已复归
01：31：53：869	综合室公用测控-CSI200EA（开入 39）GPS 对时计算机室柜 B1（1）B 码消失！
01：31：04：623	综合室公用测控-CSI200EA（开入 42）GPS 对时计算机室柜 B1（2）GPS 信号消失！
00：38：04：638	综合室公用测控-CSI200EA（开入 38）GPS 对时计算机室柜 B1（1）GPS 信号消失！

由于 7 月 13 日 2 时 23 分后发生的故障情况及后台报文与故障时现象一致，经初步分析，时间输出异常原因为：TIMEDA2000 装置时钟因外部输入信号源干扰导致主时钟对时异常，由于软件针对此类干扰的过滤机制不完善，输出信号出现时间跳变，影响到后端对时设备的正常运行；干扰源由于技术手段限制暂无法查明。

4.1.2.2 综合分析

（1）主时钟异常原因分析。经上述监测测试，初步分析时间输出异常原因为：装置时钟因外部输入信号源干扰导致主时钟对时异常，由于软件针对此类干扰的过滤机制不完善，输出信号出现时间跳变，影响到后端对时设备的正常运行。

（2）服务器对时机制及异常分析。

1）SNTP 协议工作原理。SNTP 协议采用客户端/服务器工作方式，时钟服务器通过接收 GPS 信号或自带的原子钟作为系统的时间基准，客户机通过定期访问服务器提供的时间服务获得准确的时间信息，并调整自己的系统时钟，达到网络时间同步的目的。客户端与服务器的通讯采用 TCP 协议，端口为 123。

该站监控服务器对时使用的是 SNTP 协议客户端，该协议没有时间滤波功能，即对于 GPS 时钟输出不稳定的时间时，不能完成时间过滤和停止对时功能，会引起站控系统服务器的时间发生不稳定现象（前期对远动服务器对时进行升级和改造，采用 HP 服务器系统自带的 NTP 协议客户端进行对时）。

监控服务器与远动服务器 NTP 对时网络如图 4－10 所示。

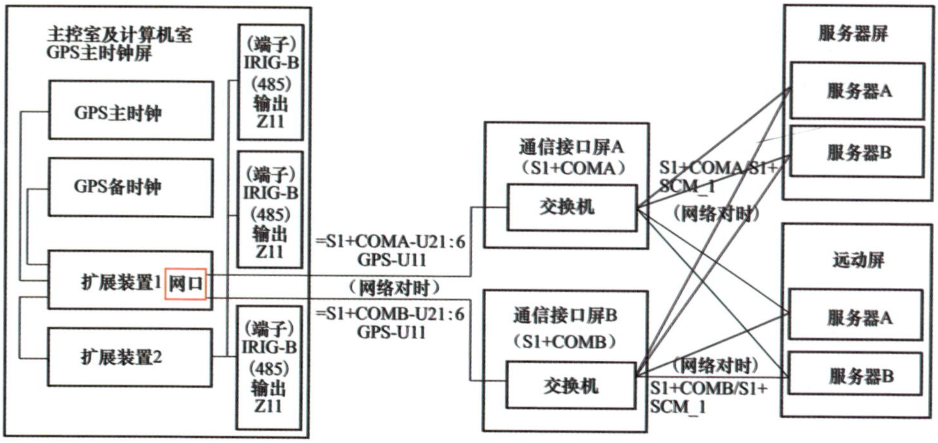

图 4－10 监控服务器与远动服务器 NTP 对时网络图

2）前置通信通道重连机制。为保证通信数据的完整性，在前置通信和控制保护主机之间的数据报文存在确认机制，只有收到上位机确认的报文中的数据，控制保护主机才认为是已经成功发送，否则会重新发送上一次的数据，直到收到确认为止，确认机制使用报文序号标识数据报文，典型的数据确认流程图（以当前序号为 10 为例），如图 4 - 11 所示。

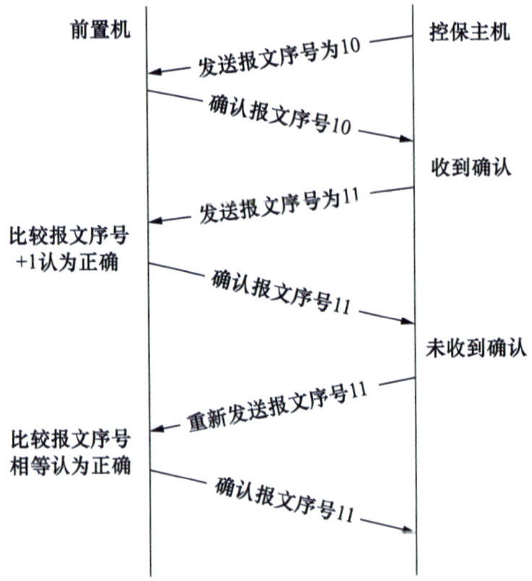

图 4 - 11　典型数据确认流程图

异常判断机制如下：前置通信程序在每个通道的连接过程中，会一直不停地判断通道是否正常，正常的依据是“在一定时间周期内接收到有效数据帧，并且数据帧的序号正确”。在实际通信的交互过程中，控制保护主机每帧上送的数据中都含有一个序号，在得到上位机（前置服务）的确认后，序号会在下一帧数据中加 1。前置通信程序会在以下两种情况下认为通信已经断开，重新初始化通信链路后发起连接请求，建立连接：

a. 序号错误，在通信过程中，只有三种数据帧序号是正确的，一种是和上一帧序号一致（出现场景为报文确认未成功，重发报文）；第二种是上一帧序号 +1（出现场景为一帧新的报文）；第三种是 0（出现场景为序号已满，重新计数）。在去除以上三种情况下的报文帧序号，认为是错误的序号。

b. 接收超时，经检查，在该站的前置通信程序中，设置的超时时间是 10s，即在 10s 时间内，如果一直没有接收到正确的数据，则认为该链路通信异常。

其中接收超时的判断依据是：上一帧有效接收数据的时间到服务器当前时间的差值，大于 10s。当接收数据超时重新连接时，OWS 表现为通信故障（如极 1 极控主机与服务器 2 LAN2 通信故障）产生，连接成功后，通信故障消失。

典型的数据序号异常判断流程图（以当前序号为 20 为例）如图 4 - 12 所示。

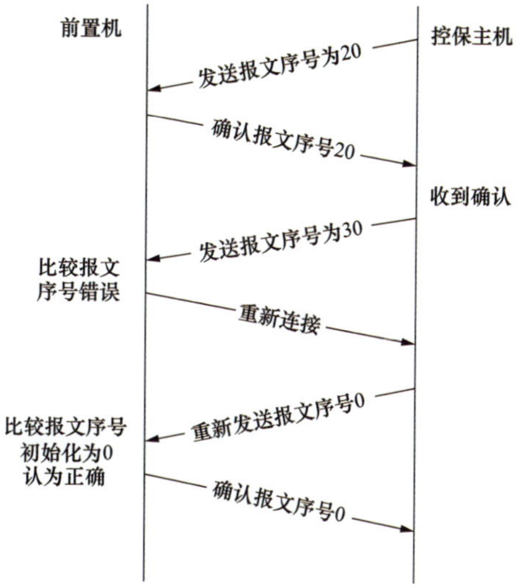

图 4-12　典型的数据序号异常判断流程图

典型的接收超时异常判断流程图（以当前序号为 20 为例）如图 4-13 所示。

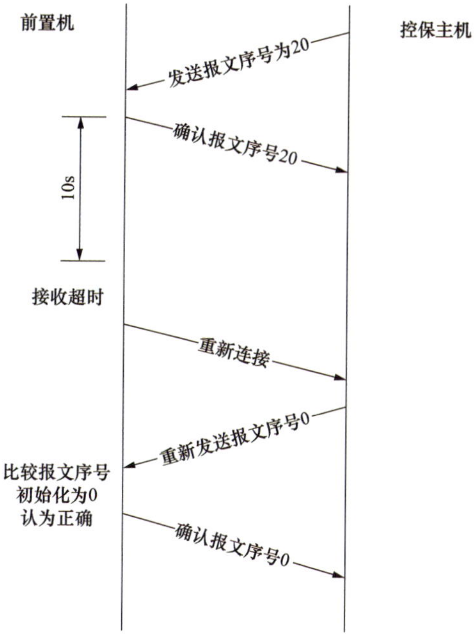

图 4-13　典型的数据序号接收超时异常判断流程图

根据以上分析表明，OWS 时间变化不会对运行产生任何影响；对象服务程序在 GPS 时间跳变时，可能产生节点（服务器和工作站）离线/在线事件，用户登录和发送命令事件的时标是服务器当前时间，时标可能不准确，但不会对运行产生任何影响；前置程序在通道接收时间超过 10s 时，中断该数据通信链路，重新初始化建立连接；服务器时间变化不会对历史服务运行产生影响。

3）服务器异常原因分析。根据现场提取对象服务的运行日志分析，对象服务程序出现异常信息时，会按照发生的先后顺序记录到日志文件中，记录的内容有：序号、服务器系统时标、异常信息。计算机时钟正常情况下，顺序记录的日志时标应该一直向前；但运行日志中，有多次记录到系统时标跳回的现象。服务器 1 记录的运行日志如图 4－14 所示，另外服务器 2 记录的运行日志中也存在类似的记录。

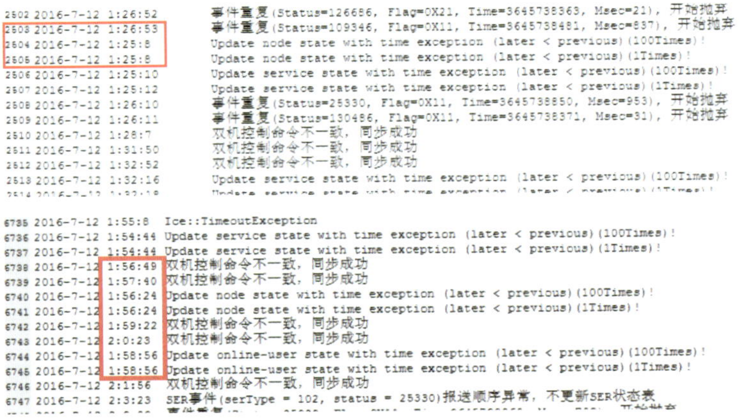

图 4－14　服务器 1 记录的运行日志

图 4－14 记录中的异常信息“2016－7－12 1：25：8 Update node state with time exception (later＜previous) (100Times)!”和时间跳变有关。该信息记录了计算机节点向对象服务注册时，检测到本次注册时间比上一次注册时间还要早，即出现了时间回跳现象。图 4－16 记录中的异常信息“2016－7－12 2：16：21 SER 事件（serType＝102，status＝130485）报送顺序异常”为本次 SER 的时标比上一次同一个事件的时间（2016－7－12 2：18：8）还早，也是出现了时间回跳现象。

由于发现多处时间跳回记录，但实际最终服务器时间与北京时间差异不大，所以推断，还存在多次时间向后跳跃现象。

当 GPS 时钟发生时间跳变时，由于服务器的对时程序没有进行时间滤波，引起服务器的时标跟随跳变。同时前置服务的通道接收数据有超时判断条件，即上一次接收数据的时间和服务器当前系统时间有差值，当时间跳变时，会导致前置通信判定通道接收超时，当前链路会断开，数据置为无效，然后重新建立连接，连接建立成功后，数据恢复正常；持续的时间跳变又会引起接收超时，导致链路初始化，引起的现象就是通信时断时续。

根据事件记录分析，当通信故障发生时，750kV 交流站控、330kV 交流站控、事件处理系统、极 1、极 2、直流站控均产生 LAN 网通信故障，OWS 监视数据显示无效状态；随后 LAN 通信故障消失，OWS 监视数据显示正常，LAN 通信故障时间信息如图 4－15 所示。

2016-07-12,01:08:32:471	直流SER事件	主(A)	109330	极2	极控系统与服务器2LAN1通信故障	消失
2016-07-12,01:08:32:477	直流SER事件	主(A)	109346	极2	极控系统与服务器2LAN2通信故障	消失
2016-07-12,01:08:32:998	直流SER事件	从(B)	102345	极1	极控系统与服务器1LAN2通信故障	产生
2016-07-12,01:08:33:036	直流SER事件	主(A)	116010	直流站控	与服务器2 LAN1通讯故障	产生
2016-07-12,01:08:33:262	直流SER事件	主(B)	130485	事件处理系统	事件处理系统与服务器1 LAN2通信故障	产生
2016-07-12,01:08:33:321	直流SER事件	主(A)	114286	330kV交流站控	35小室GPS-B码同步时钟屏失步告警	产生
2016-07-12,01:08:33:793	直流SER事件	从(B)	102346	极1	极控系统与服务器2LAN2通信故障	产生
2016-07-12,01:08:34:056	直流SER事件	主(A)	126028	750kV交流站控	计算机室事件处理系统屏A LAN2故障	消失
2016-07-12,01:08:34:056	直流SER事件	从(B)	126028	750kV交流站控	计算机室事件处理系统屏A LAN2故障	消失
2016-07-12,01:08:34:093	直流SER事件	从(A)	120042	330kV交流站控	330kV交流站控系统与服务器2 LAN2通信故障	产生
2016-07-12,01:08:34:131	直流SER事件	主(A)	126039	750kV交流站控	计算机室事件处理系统屏B LAN2故障	消失
2016-07-12,01:08:34:131	直流SER事件	从(B)	126039	750kV交流站控	计算机室事件处理系统屏B LAN2故障	消失
2016-07-12,01:08:34:157	直流SER事件	主(B)	120041	330kV交流站控	330kV交流站控系统与服务器1 LAN2通信故障	产生
2016-07-12,01:08:34:243	直流SER事件	从(B)	109346	极2	极控系统与服务器2LAN2通信故障	产生
2016-07-12,01:08:34:725	直流SER事件	主(A)	102345	极1	极控系统与服务器1LAN2通信故障	产生
2016-07-12,01:08:34:787	直流SER事件	主(A)	109330	极2	极控系统与服务器2LAN1通信故障	产生
2016-07-12,01:08:34:961	直流SER事件	主(A)	25330	站用电	与服务器2 LAN2通信故障	产生
2016-07-12,01:08:35:275	直流SER事件	主(A)	116026	直流站控	与服务器2 LAN2通信故障	产生
2016-07-12,01:08:35:530	直流SER事件	主(A)	102346	极1	极控系统与服务器2LAN2通信故障	产生
2016-07-12,01:08:35:913	直流SER事件	主(A)	130485	事件处理系统	事件处理系统与服务器1 LAN2通信故障	产生
2016-07-12,01:08:36:153	直流SER事件	主(A)	130485	事件处理系统	事件处理系统与服务器1 LAN2通信故障	产生
2016-07-12,01:08:36:153	直流SER事件	从(A)	130485	事件处理系统	事件处理系统与服务器1 LAN2通信故障	产生
2016-07-12,01:08:36:462	直流SER事件	主(B)	130486	事件处理系统	事件处理系统与服务器2 LAN2通信故障	产生
2016-07-12,01:08:36:547	直流SER事件	主(A)	109345	极2	极控系统与服务器1LAN2通信故障	产生
2016-07-12,01:08:39:327	直流SER事件	主(A)	114286	330kV交流站控	35小室GPS-B码同步时钟屏失步告警	消失
2016-07-12,01:08:39:437	直流SER事件	主(B)	120041	330kV交流站控	330kV交流站控系统与服务器1 LAN2通信故障	产生
2016-07-12,01:08:40:557	直流SER事件	主(B)	120025	330kV交流站控	330kV交流站控系统与服务器1 LAN1通信故障	产生
2016-07-12,01:08:42:033	直流SER事件	主(A)	130374	事件处理系统	分脉冲故障	产生
2016-07-12,01:08:42:242	直流SER事件	主(B)	120026	330kV交流站控	330kV交流站控系统与服务器2 LAN1通信故障	产生
2016-07-12,01:08:42:307	直流SER事件	主(A)	109345	极2	极控系统与服务器1LAN2通信故障	产生
2016-07-12,01:08:42:957	直流SER事件	主(B)	120041	330kV交流站控	330kV交流站控系统与服务器1 LAN2通信故障	产生
2016-07-12,01:08:43:840	直流SER事件	主(A)	102346	极1	极控系统与服务器2LAN2通信故障	消失
2016-07-12,01:08:45:357	直流SER事件	主(A)	109345	极2	极控系统与服务器1LAN2通信故障	产生
2016-07-12,01:08:47:102	直流SER事件	从(B)	126670	750kV交流站控	750kV交流站控系统与服务器2 LAN1通信故障	产生
2016-07-12,01:08:47:762	直流SER事件	主(B)	120025	330kV交流站控	330kV交流站控系统与服务器1 LAN1通信故障	产生
2016-07-12,01:08:47:762	直流SER事件	主(B)	120042	330kV交流站控	330kV交流站控系统与服务器2 LAN2通信故障	产生
2016-07-12,01:08:48:027	直流SER事件	主(B)	130374	事件处理系统	分脉冲故障	消失
2016-07-12,01:08:48:027	直流SER事件	从(B)	130374	事件处理系统	分脉冲故障	消失
2016-07-12,01:08:50:147	直流SER事件	主(A)	109346	极2	极控系统与服务器2LAN2通信故障	消失
2016-07-12,01:08:50:712	直流SER事件	主(A)	109346	极2	极控系统与服务器2LAN2通信故障	消失
2016-07-12,01:08:53:197	直流SER事件	主(A)	109346	极2	极控系统与服务器2LAN2通信故障	消失

图 4－15　LAN 通信故障事件信息

在本次故障发生时，GPS 时钟时间发生了跳变，以时间跳跃 10min 为例还原。如当前时间为 1∶10∶05，下一次对时正确的时间应为 1∶10∶15，实际时间跳变为 1∶20∶15，前置通信通道逻辑如图 4－16 所示。

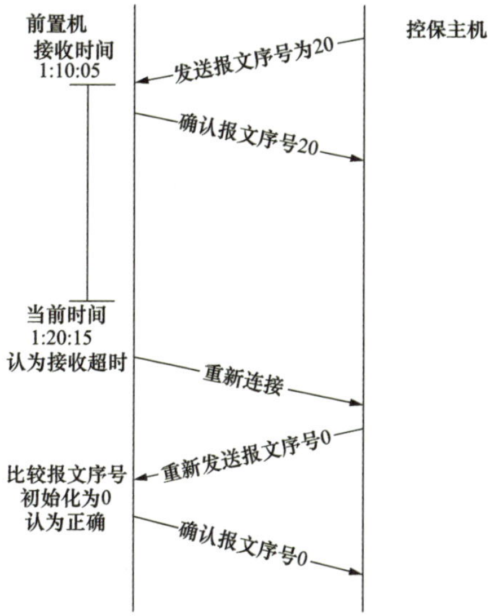

图 4－16　GPS 时钟跳变前置通信重连流程图

远动服务器采用的是服务器系统自带的 NTP 协议客户端进行对时，对 OWS 的 SER 事件进行筛查，未发现远动服务器与控制保护系统产生 LAN 网通信故障事件，远动服务器系统时间并未受到本次时钟跳变的影响。

4.1.3 结论及建议

4.1.3.1 结论

（1）TIMEDA2000 装置时钟因外部输入信号源干扰导致主时钟对时异常，由于软件没有针对此类干扰的容错机制不完善，输出信号出现时间跳变，影响到后端对时设备的正常运行，是造成此次异常的直接原因。

（2）直流监控服务器 1、2 为 SNTP 对时方式，该对时方式下，对时进程没有进行时间滤波，跟随对时信号跳变引起时钟错乱。

（3）直流监控服务器与控制保护主机过度依赖对时程序，服务器时钟错乱导致服务器前置通信通道反复建立链接，最终造成服务器、控制保护主机之间通信链路无法正常通信，运行人员控制系统无法正常操作。

4.1.3.2 建议

（1）换流站监控服务器对时应采用逻辑相对健全的方式，在时间过滤方面留有一定的裕度，避免因过度依赖对时系统造成 OWS 出现异常。

（2）把超时判断依据由原来的计算时间差改为定周期计数，当周期性接收不到正确数据时，报告前置服务的通道接收数据异常信息，并重新复位通道。这样判定条件就与系统时标无关，保证系统的正常运行。

（3）生产厂家在新提供的装置中完善时钟输入干扰过滤机制，装置更换后进行持续监测以确认抗干扰容错机制完备性。

（4）鉴于现场运行环境下 GPS/BD2 干扰源不确定性，建议在换流站采用铯原子钟作为主时钟，确保时钟输出稳定性。

4.2 某换流站极 I 阀控故障闭锁分析

4.2.1 故障简介

4.2.1.1 故障描述

2016 年 5 月 6 日 15 时 49 分，某换流站 OWS 后台报出“极 1 阀系统 B -

VBE 通道非法切换”“极 1 1－12 阀系统 A－极控紧急闭锁”“极 1 1－12 阀系统 B－极控紧急闭锁”“极 1 控制保护系统 VBE A/B 系统跳闸”“极 1 控制保护系统 VBE A/B 系统故障”“极 1 极控系统 A/B 极控 ESOF”，极 1 直流系统闭锁出口，OWS 后台报文如图 4－17 所示。

2016-05-06,15:49:28:861	辅助系统SOE事件	主	716988	极1VBE B	极1阀7(Y4)系统B-VBE通道非法切换
2016-05-06,15:49:28:865	辅助系统SOE事件	主	721488	极1VBE B	极1阀12(D6)系统B-VBE通道非法切换
2016-05-06,15:49:28:866	辅助系统SOE事件	主	715188	极1VBE B	极1阀5(Y3)系统B-VBE通道非法切换
2016-05-06,15:49:28:866	辅助系统SOE事件	主	715183	极1VBE B	极1阀5(Y3)系统B-极控紧急闭锁
2016-05-06,15:49:28:866	辅助系统SOE事件	主	715197	极1VBE B	极1阀5(Y3)系统B-中央处理单元为主系统
2016-05-06,15:49:28:866	辅助系统SOE事件	主	719688	极1VBE B	极1阀10(D5)系统B-VBE通道非法切换
2016-05-06,15:49:28:867	辅助系统SOE事件	主	706183	极1VBE A	极1阀7(Y4)系统A-极控紧急闭锁
2016-05-06,15:49:28:867	辅助系统SOE事件	主	706197	极1VBE A	极1阀7(Y4)系统A-中央处理单元为主系统
2016-05-06,15:49:28:867	辅助系统SOE事件	主	706183	极1VBE A	极1阀7(Y4)系统A-极控紧急闭锁
2016-05-06,15:49:28:867	辅助系统SOE事件	主	708883	极1VBE A	极1阀10(D5)系统A-极控紧急闭锁
2016-05-06,15:49:28:867	辅助系统SOE事件	主	708897	极1VBE A	极1阀10(D5)系统A-中央处理单元为主系统
2016-05-06,15:49:28:868	辅助系统SOE事件	主	708883	极1VBE A	极1阀10(D5)系统A-极控紧急闭锁
2016-05-06,15:49:28:868	辅助系统SOE事件	主	701697	极1VBE A	极1阀2(D1)系统A-中央处理单元为主系统
2016-05-06,15:49:28:868	辅助系统SOE事件	主	701697	极1VBE A	极1阀2(D1)系统A-中央处理单元为主系统
2016-05-06,15:49:28:868	辅助系统SOE事件	主	704397	极1VBE A	极1阀5(Y3)系统A-中央处理单元为主系统
2016-05-06,15:49:28:868	辅助系统SOE事件	主	704397	极1VBE A	极1阀5(Y3)系统A-中央处理单元为主系统
2016-05-06,15:49:28:869	辅助系统SOE事件	主	703483	极1VBE A	极1阀4(D2)系统A-极控紧急闭锁
2016-05-06,15:49:28:869	辅助系统SOE事件	主	703497	极1VBE A	极1阀4(D2)系统A-中央处理单元为主系统
2016-05-06,15:49:28:870	辅助系统SOE事件	主	703483	极1VBE A	极1阀4(D2)系统A-极控紧急闭锁
2016-05-06,15:49:28:873	辅助系统SOE事件	主	720583	极1VBE B	极1阀11(Y6)系统B-极控紧急闭锁
2016-05-06,15:49:28:873	辅助系统SOE事件	主	705283	极1VBE A	极1阀6(D3)系统A-极控紧急闭锁
2016-05-06,15:49:28:873	辅助系统SOE事件	主	720588	极1VBE B	极1阀11(Y6)系统B-VBE通道非法切换
2016-05-06,15:49:28:873	辅助系统SOE事件	主	709783	极1VBE A	极1阀11(Y6)系统A-极控紧急闭锁
2016-05-06,15:49:28:874	辅助系统SOE事件	主	713397	极1VBE B	极1阀3(Y2)系统B-中央处理单元为主系统
2016-05-06,15:49:28:874	辅助系统SOE事件	主	717888	极1VBE B	极1阀8(D4)系统B-VBE通道非法切换
2016-05-06,15:49:28:874	辅助系统SOE事件	主	709797	极1VBE A	极1阀11(Y6)系统A-中央处理单元为主系统
2016-05-06,15:49:28:874	辅助系统SOE事件	主	711588	极1VBE B	极1阀1(Y1)系统B-VBE通道非法切换
2016-05-06,15:49:28:874	辅助系统SOE事件	主	713388	极1VBE B	极1阀3(Y2)系统B-VBE通道非法切换
2016-05-06,15:49:28:874	辅助系统SOE事件	主	705297	极1VBE A	极1阀6(D3)系统A-中央处理单元为主系统
2016-05-06,15:49:28:874	辅助系统SOE事件	主	707083	极1VBE A	极1阀8(D4)系统A-极控紧急闭锁
2016-05-06,15:49:28:875	辅助系统SOE事件	主	705283	极1VBE A	极1阀6(D3)系统A-极控紧急闭锁
2016-05-06,15:49:28:875	辅助系统SOE事件	主	707097	极1VBE A	极1阀8(D4)系统A-中央处理单元为主系统
2016-05-06,15:49:28:875	辅助系统SOE事件	主	720597	极1VBE B	极1阀11(Y6)系统B-中央处理单元为主系统
2016-05-06,15:49:28:875	辅助系统SOE事件	主	707083	极1VBE A	极1阀8(D4)系统A-极控紧急闭锁
2016-05-06,15:49:28:875	辅助系统SOE事件	主	709783	极1VBE A	极1阀11(Y6)系统A-极控紧急闭锁
2016-05-06,15:49:28:875	辅助系统SOE事件	主	717883	极1VBE B	极1阀8(D4)系统B-极控紧急闭锁
2016-05-06,15:49:28:875	辅助系统SOE事件	主	717897	极1VBE B	极1阀8(D4)系统B-中央处理单元为主系统
2016-05-06,15:49:28:877	辅助系统SOE事件	主	714288	极1VBE B	极1阀4(D2)系统B-VBE通道非法切换

图 4－17　OWS 报文

4.2.1.2　故障设备信息

该换流站阀控系统为 H400 型换流阀阀控系统，极控系统为 HCM200 平台，极控系统与阀控系统配合完成换流阀的触发控制，投运时间为 2010 年 11 月 28 日。

4.2.1.3　故障前运行情况

天气晴朗，环境温度 23℃。该换流站 750kV 系统、330kV 系统为 3/2 接线，66kV 系统为单母线接线，1 号和 2 号主变压器并列运行，直流双极大地回线方式，外送功率 4000MW。

4.2.2　故障原因分析

4.2.2.1　现场检查及试验分析

现场检查极Ⅰ保护接口屏内两套 WPI－801A 微机保护接口装置，报出事故总信号、跳闸灯亮。极Ⅰ极控系统 A、B 屏 COL 模块 Err 红灯亮，Vbe 和 Sok 灯灭，VBE1、VBE2、VBE3 屏 A 系统 TRIP 灯亮，B 系统 TRIP 灯和 FAIL 灯亮。

现场检查故障录波如图 4－18 所示。

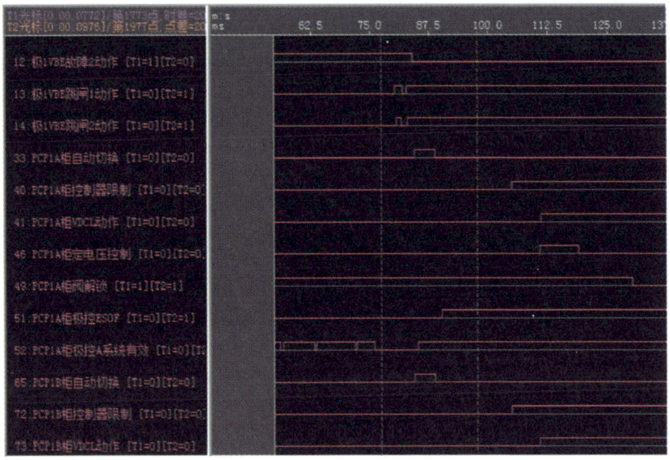

图 4－18　故障录波图

故障录波显示极控系统有效（ACTIVE）信号出现跳变，该信号为极控系统至阀控系统的主从信号，即让阀控系统与极控系统的主系统保持一致。因此对极控至阀控 ACTIVE 信号回路进行检查，发现极Ⅰ极控屏柜内 K369 光耦模块电源输入插针间有放电痕迹，如图 4－19 所示，该光耦模块用于 ACTIVE 信号的强电隔离及传输。

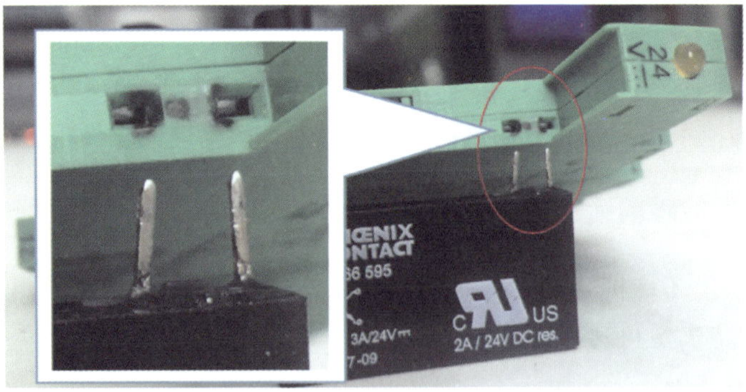

图 4－19　光耦模块插针间放电图片

4.2.2.2　综合分析

(1) COL 模块 ACTIVE 信号回路及供电情况。极控屏 COL 模块作用为：通过综合判断系统运行状态，完成极控主从系统的选择。其输出的 ACTIVE 信号（端子号 11，24V，高电平有效）主要有三个用途：①一路经 K391 光耦模块至 VBE 柜 K42701 固态继电器，用于 VBE 系统主从选择逻辑；②一路经 K369 光耦模块至直流故障录波装置，用于主机 ACTIVE 信号录波；③一路直接送至主机用于自身主从判断，原理如图 4-20 所示。

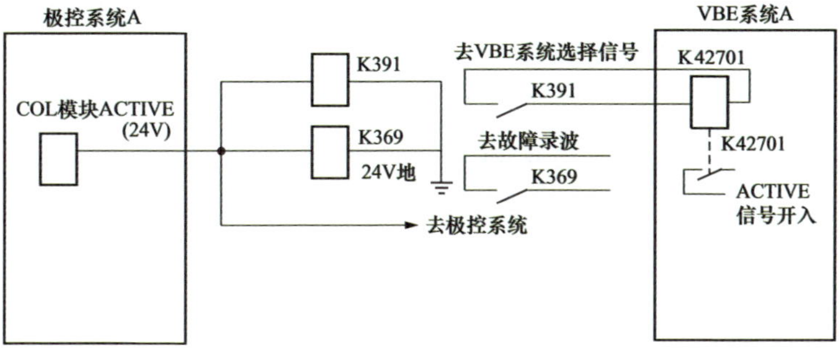

图 4-20　ACTIVE 信号走向图

由图 4-20 所示，VBE ACTIVE 信号通过 K391 光耦模块输出节点，采用 DC110V 回路开入至 VBE 屏柜内驱动固态继电器 K42701，辅助节点直接开入 VBE 系统，完成 VBE 系统主从选择逻辑。

COL 模块供电采用双 DC24V 电源加二极管耦合模块供电方式，如图 4-21 所示，光耦模块（如模块故障、无闭锁信号、ACTIVE 信号等）均采用 COL 模块 24V 电源驱动。

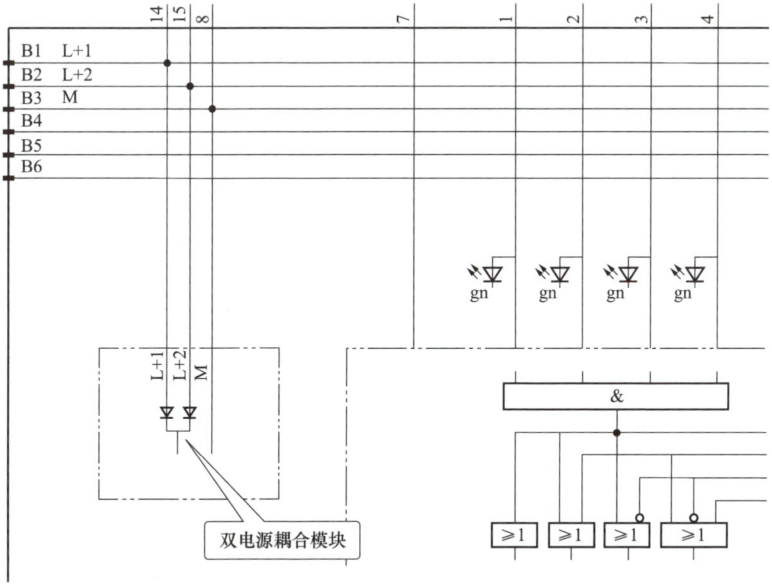

图 4-21　COL 模块双电源供电示意图

(2) COL模块ACTIVE异常丢失原因分析。从故障录波可知，极控A系统有效（ACTIVE）信号出现4次间歇性丢失。极控B系统为备用系统，由于软件逻辑防抖措施，ACTIVE信号的短暂跳变极控系统防抖后未做处理，两套极控系统均未报出任何故障信号。COL模块ACTIVE信号至VBE系统和故障录波信号均走屏间电缆，为强电信号，分别用光隔K391及K369进行隔离。由于至VBE和故障录波的ACTIVE信号均有变化，所以判断故障点在COL模块ACTIVE信号输出公共端部分，检查发现K369光耦模块电源输入插针间有放电痕迹（见图4-19），更换K391、K369继电器。

对更换后的K369光耦（工作电压为24V）进行测试，当工作电压为13.2V及以上时，光耦节点电阻为0.1Ω，光耦模块正常工作；降低至13.1V时，光耦节点电阻为21.3Ω；降低至13V时节点呈高阻状态。

如图4-22所示，由于K391、K369光耦和极控开入并联于COL模块ACTIVE信号输出端，其中任意光耦模块24V电源（光耦模块工作电源为24V，负端为地）正端对地放电时，引起K391和K369光耦模块间歇性失电，导致COL模块至VBE A系统、故障录波、极控A系统ACTIVE信号间歇性跳变。

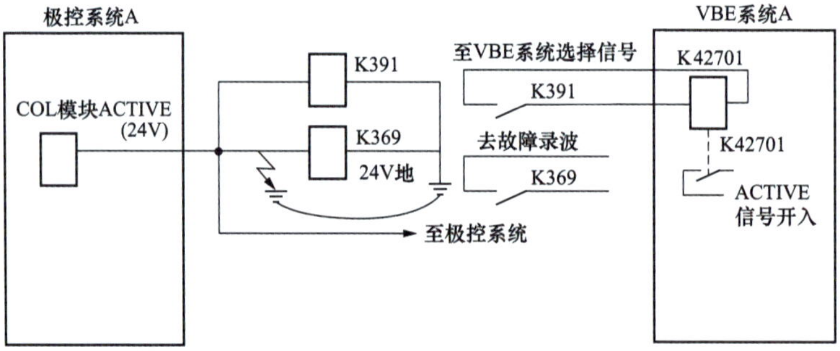

图4-22 K369光耦模块电源放电示意图

原因为COL模块ACTIVE信号输出端K369光耦模块24V对地放电，引起K391及K369光耦模块驱动电源电压间歇性降低，造成光耦模块间歇性返回。

(3) 跳闸原因分析。极控系统A将ACTIVE信号（有效状态）通过光耦模块送给阀控系统A，该光耦模块发生放电故障后，使阀控系统A无法正常收到极控系统A有效运行状态，阀控系统处于同从状态。在同从状态下，阀控系统有可能发出闭锁指令。

4.2.3 结论及建议

4.2.3.1 结论

COL 模块 ACTIVE 信号输出端光耦模块发生放电故障后，引起 K391 及 K369 光耦模块驱动电源电压间歇性降低，使阀控系统 A 无法正常收到极控系统 A 有效运行状态，从而处于同从状态。在同从状态下，阀控系统有可能会发出闭锁指令。

通过对两套阀控处于同从状态下的软件逻辑进行深入分析和排查，目前的软件逻辑为：在两套阀控处于同从状态下会保持原系统运行，不会发跳闸指令。该逻辑仍需进一步进行试验验证。

4.2.3.2 建议

（1）进一步完善直流控制保护检修工作内容，结合年度检修，对换流站内传输设备关键状态和跳闸信号的光耦模块进行检查，对特性降低的光耦模块进行更换。

（2）对阀控系统在接收到极控有效信号丢失后，两套阀控均处于同从或同主状态下的动作逻辑组织分析，并进行试验验证，确保两套阀控均处于同主或同从状态下可维持原系统运行，不会导致直流闭锁。

（3）按照电气元器件一般设计寿命，对运行 6～8 年的光耦模块进行更换，确保直流控制保护系统运行可靠性。

4.3 某换流站极Ⅱ高端阀组保护主机板卡故障分析

4.3.1 故障简介

4.3.1.1 故障描述

2018 年 9 月 7 日 16 时 3 分，某换流站监控后台 OWS 报“P2CPR1 A 紧急故障出现”“平行监视 HTM0 故障出现故障码 1024”“平行监视 HTM1 故障出现故障码 1024”“平行监视报警出现故障码 8”“3 号板卡故障报警出现故障码－2.14745e＋09”“平行监视报警出现故障码 16”“4 号板卡故障报警出现故障码－2.14745e＋09”“平行监视报警出现故障码 8192”“13 号板卡故障报警出现故障码 65539”“定时中断故障出现故障码 1024”等异常报警，站网结构界面显示 P2CPR21 A 主机为紧急故障。

4.3.1.2 故障前运行工况

天气晴，环境温度 22℃，微风。直流控制保护系统运行正常，各控制保护主机均为正常状态，如图 4－23 所示。

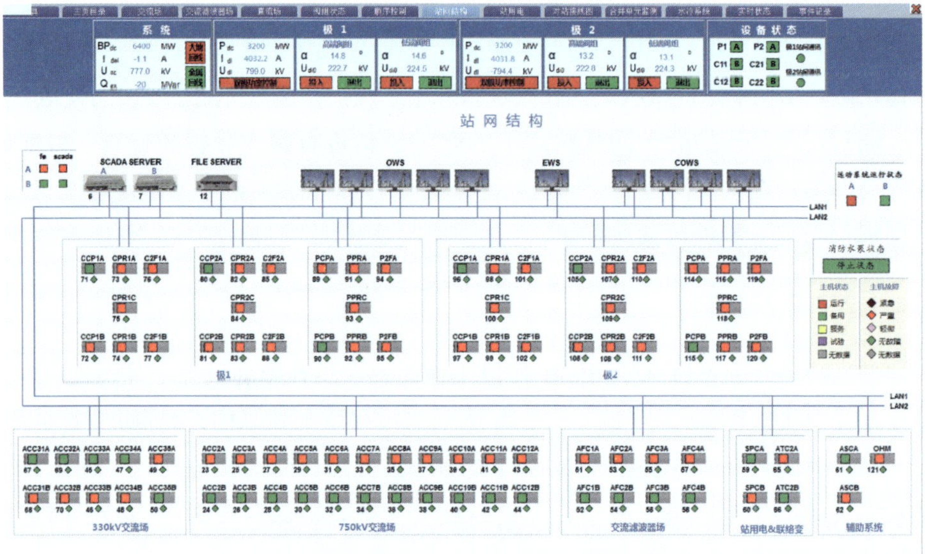

图 4－23 故障前直流控制保护系统运行状态

直流系统：系统运行方式为双极四阀组运行，直流输送功率 6400MW，功率正送，极Ⅰ、极Ⅱ直流滤波器均在运行状态，无功控制方式为自动控制。

4.3.1.3 事件列表

表 4－3 为告警事件列表。

表 4－3　　告 警 事 件 列 表

时　间	主机	系统	等级	报警组	事　件
2018－09－07 16：03：28.510	S1P2CPR1	A	紧急	系统监视	平行监视 HTM0 故障出现，故障码 1024
2018－09－07 16：03：28.510	S1P2CPR1	A	紧急	系统监视	紧急故障出现
2018－09－07 16：03：28.512	S1P2CCP1	A	报警	系统监视	CPRA 系统异常
2018－09－07 16：03：28.512	S1P2C2F1	B	报警	系统监视	第 4 号插件监视 CPRA 系统异常

续表

时　间	主机	系统	等级	报警组	事　件
2018-09-07 16：03：28.512	S1P2C2F1	B	报警	系统监视	第6号插件监视 CPRA系统异常
2018-09-07 16：03：28.512	S1P2CCP1	B	报警	系统监视	CPRA系统异常
2018-09-07 16：03：28.512	S1P2C2F1	A	报警	系统监视	第4号插件监视 CPRA系统异常
2018-09-07 16：03：28.512	S1P2C2F1	A	报警	系统监视	第6号插件监视 CPRA系统异常
2018-09-07 16：03：28.510	S1P2CPR1	A	紧急	系统监视	平行监视 HTM1 故障出现，故障码1024
2018-09-07 16：03：28.512	S1P2CCP1	A	报警	系统监视	CPRA系统异常
2018-09-07 16：03：29.500	S1P2CPR1	A	报警	系统监视	平行监视报警出现，故障码8
2018-09-07 16：03：29.500	S1P2CPR1	A	报警	系统监视	3号板卡故障报警出现，故障码－2.14745e+09
2018-09-07 16：03：29.500	S1P2CPR1	A	报警	系统监视	平行监视报警出现，故障码16
2018-09-07 16：03：29.500	S1P2CPR1	A	报警	系统监视	4号板卡故障报警出现，故障码－2.14745e+09
2018-09-07 16：03：29.500	S1P2CPR1	A	报警	系统监视	平行监视报警出现，故障码8192
2018-09-07 16：03：29.500	S1P2CPR1	A	报警	系统监视	13号板卡故障报警出现，故障码65539

4.3.2 故障原因分析

4.3.2.1 主机状态检查

故障发生后，运行人员立即检查后台站网结构页面：P2CPR1A主机为运行状态，显示紧急故障，P2CCP1A、P2CCP1B、P2C2F2A、P2C2F2B主机均显示轻微故障，如图4-24所示。

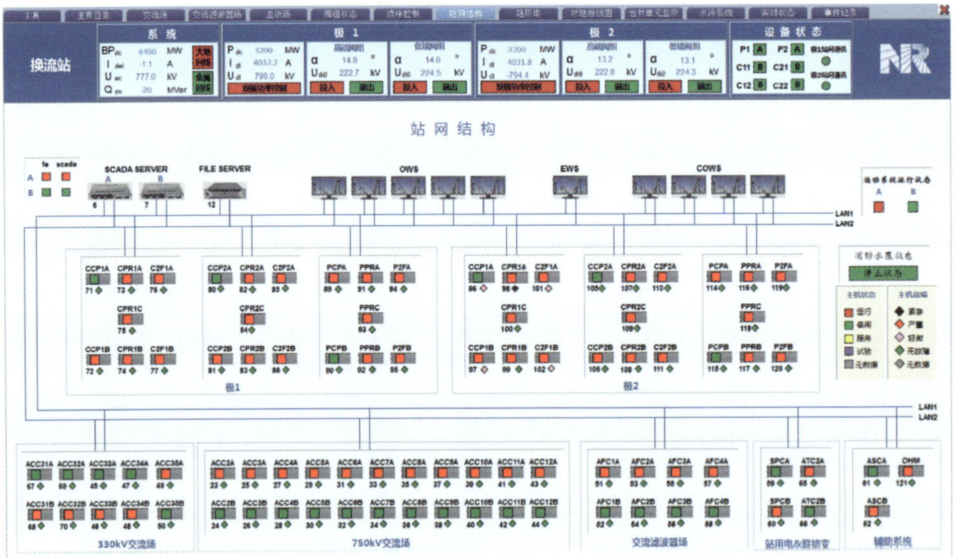

图 4-24　故障发生后直流控制保护系统运行状态

4.3.2.2　控制保护装置检查

现场人员对 CPR21A 极Ⅱ高端阀组 A 套保护屏进行检查，发现装置前面板“装置运行灯灭”、背面两侧 NR1301E 电源板卡上 BO_FAIL（装置闭锁）灯亮，如图 4-25 所示。

图 4-25　CPR21A 装置背面状态指示

4.3.2.3　故障原因分析

(1) 后台软件 HIBUG 检查。通过软件对 CPR21A 极Ⅱ高端阀组 A 套保护主机内的各板卡进行信号导通性测试，发现 B10 板卡的采集数据无法读取，显示为 “Waiting”，如图 4－26 所示，其他板卡的 HIBUG 功能正常。

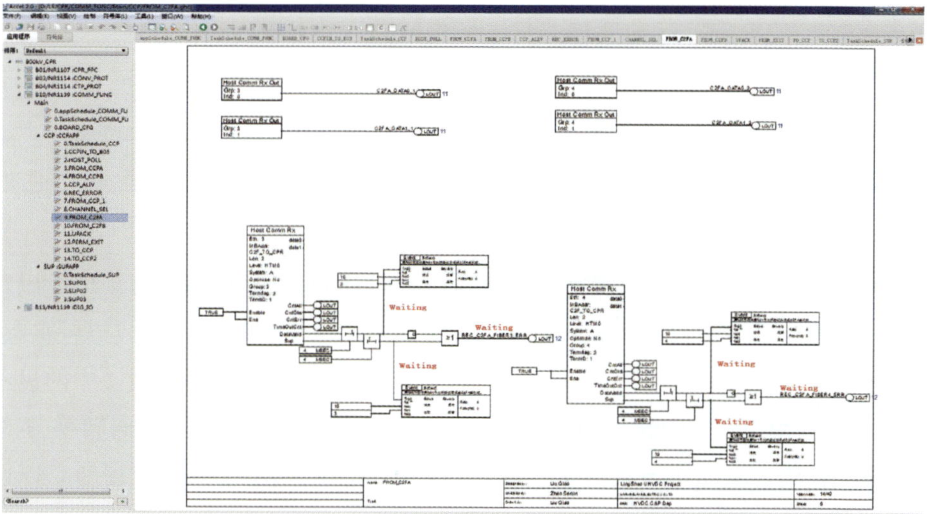

图 4－26　B10/NR1139A HIBUG 示意图

（2）平行监视代码分析。平行监视功能主要用于两个方面：①用于装置内各板卡监视自身运行状态；②用于装置内各板卡监视其他板卡的运行状态。以 B10 板卡平行监视功能为例，软件逻辑如图 4－27 所示。HTM0 与 HTM1 两条独立的监视通道中，只要有一条监视通道满足报警条件，即输出紧急故障信号。当本板卡或其他板卡输出总异常信号时，输出轻微故障。

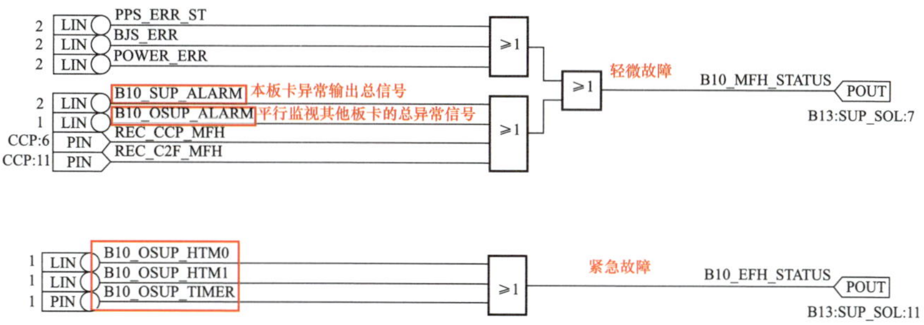

图 4－27　平行监视逻辑示意图

平行监视功能模块示意如图 4－28 所示，其中很重要的部分在于 alarm_brd_info、htm0_fault_brd_info、htm1_fault_brd_info、timer_fault_brd_info 所输出的故障代码，该代码能够准确定位故障板卡的所在位置。

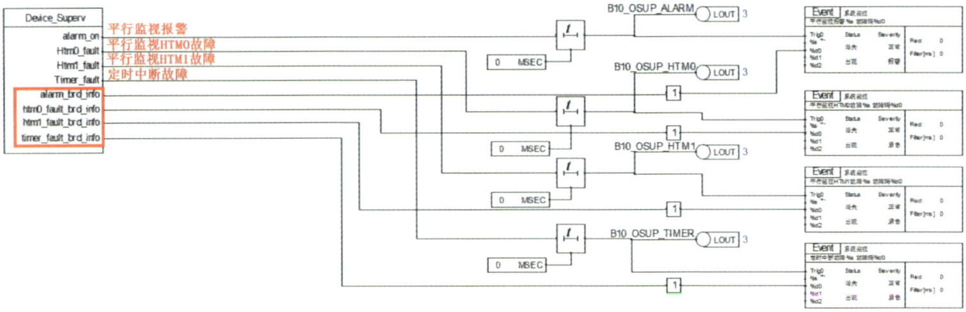

图 4-28 平行监视功能模块示意图

其故障代码在平行监视模块内部是一串 32 位的二进制代码，每一位代码与每个装置板卡卡槽位置相对应，“1”为异常状态，“0”为正常状态或空置状态。为便于运行人员对故障的记录以及在 OWS 后台的显示，该代码在报文中的显示实际为十进制代码，因此，在确认故障板卡前，应先将该十进制代码转换为 32 位二进制代码。鼠标在该条报文上悬停后会显示该代码的来源板卡序号，以便对代码进行收集整理。

通过对本次故障报文的故障代码的收集整理，可以得到如图 4-29 所示代码状态表，该站阀保护主机实际卡槽为 13 个，板卡配置及组网示意如图 4-30 所示，且模块功能中定义 bit00 为空置位，因此将 32 位二进制代码前 18 位“0”全部省略，只留 14 位代码。

板卡编号	HTM0 代码	HTM1 代码	二进制代码	平行监视各板卡对应状态													
				B13	B12	B11	B10	B09	B08	B07	B06	B05	B04	B03	B02	B01	B00
B03	1024	1024	00010000000000	0	0	0	1	0	0	0	0	0	0	0	0	0	0
B04	1024	1024	00010000000000	0	0	0	1	0	0	0	0	0	0	0	0	0	0
B13	1024	1024	00010000000000	0	0	0	1	0	0	0	0	0	0	0	0	0	0

图 4-29 故障代码示意图

从上分析得出以下结论：

(1) B03、B04、B13 板卡的故障代码中均报出 B10 板卡故障，如表中红色框内所示。其余板卡自身相应位置均报出运行状态正常（如 B03 板卡的 B03 号代码位置为“0”）。

(2) B10（NR1139A）板卡未报出平行监视故障代码，有两种可能性：①B10 板卡无故障，且平行监视系统监测其他板卡同样无故障；②B10 板卡已经发生故障且平行监视功能失去作用。

综合分析，可以确定此次故障为 B10 NR1139A 组网通信板卡异常导致。

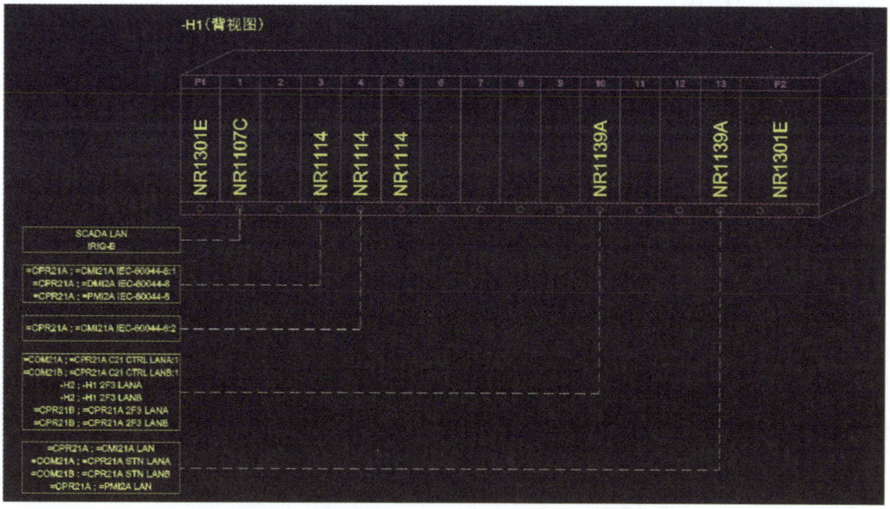

图 4－30　阀组保护主机 CPR 板卡配置及组网示意图

4.3.2.4　现场故障处理

故障定位后，现场将极Ⅱ高端阀组 CPR21A 主机调至试验状态后，对主机进行断电重启，重启后板卡及主机状态恢复正常，装置各指示灯显示正常，后台站网结构显示极Ⅱ高端阀组 CPR21C 主机紧急故障消除，P2CCP1A、P2CCP1B、P2C2F2A、P1C2F2B 主机轻微故障消除，后台相关报文复归。

因 2017 年 4 月 12 日极Ⅰ极控制主机 PCP1A 出现过 NR1139A 组网通信板卡异常死机故障，无法排除板卡是否存在永久性故障，为确保设备安全可靠，现场对 NR1139A 板卡进行更换，更换后对软件程序重新进行装载，设备恢复正常。

4.3.3　结论及建议

4.3.3.1　结论

该站协同厂家对板卡故障原因进行深入分析，主要原因为内存出错引起软件故障，计划对直流控制保护软件进行改进，增加板卡的内存监视和纠错功能，解决因内存出错引起的板卡软件故障。并于 2018 年大修期间对软件程序进行修改，修改后效果良好。

4.3.3.2　建议

建议运维检修人员熟练掌握板卡平行监视故障定位方法，以便在故障发生第一时间确认故障位置。

4.4 某换流站极Ⅱ低端 VBE B 系统异常分析

4.4.1 故障简介

4.4.1.1 故障描述

2018 年 3 月 22 日 15 时 33 分开始，某换流站监控后台极Ⅱ低端换流器控制主机 CCP22B 先后六次报“阀 VC. V1（D5）丢脉冲被检测到”“阀 VC. V2（D2）丢脉冲被检测到”“极Ⅱ低端阀误触发系统保护切换系统”“极Ⅱ低端阀误触发保护跳闸”，均短时复归。

18 时 18 分，监控后台第七次报出上述报文后，极Ⅱ低端换流器控制主机 CCP22B 报出“VBE 系统异常”“阀控单元接口 D5 故障”“阀控单元接口 D2 故障”“阀控单元 D5 故障”“阀控单元 D2 故障”VBE B 系统报出“VBE 机箱 06HDLC 异常”，CCP22B 和 VBE B 系统退出备用至服务状态，VBE 6 号触发与监测机箱（角接 C 相阀塔）的主控板 B（CS5000）运行指示灯熄灭。

4.4.1.2 故障前运行工况

天气晴，环境温度 8℃，微风。直流控制保护系统运行正常，各控制保护主机均为正常状态。直流系统运行方式为双极四阀组运行，直流输送功率 3236MW，功率正送，极Ⅰ、极Ⅱ直流滤波器均在运行状态，无功控制方式为手动控制。

4.4.1.3 事件列表

图 4－31 和图 4－32 为事件告警。

15918	2018-03-22	16:43:29.241	S1P2CCP2	B	报警	换流器	阀VC. V1(D5) 丢脉冲 被检测到
15919	2018-03-22	16:43:29.241	S1P2CCP2	B	报警	换流器	极2阀误触发保护 切换系统
15920	2018-03-22	16:43:29.253	S1P2CCP2	B	报警	换流器	阀VC. V2(D2) 丢脉冲 被检测到
15921	2018-03-22	16:43:29.277	S1P2CCP2	B	紧急	换流器	极2阀误触发保护 跳闸
15922	2018-03-22	16:43:29.278	S1P2CCP2	B	轻微	切换逻辑	退出备用
15923	2018-03-22	16:43:29.541	S1P2CCP2	B	正常	换流器	阀VC. V1(D5) 丢脉冲 Off
15924	2018-03-22	16:43:29.553	S1P2CCP2	B	正常	换流器	阀VC. V2(D2) 丢脉冲 Off
15925	2018-03-22	16:44:29.556	S1P2CCP2	B	正常	切换逻辑	备用

图 4－31 前六次事件告警

8368	2018-03-22	18:18:25.569	S1P2CCP2	B	报警	换流器	阀VC.V2(D2) 丢脉冲 被检测到
8369	2018-03-22	18:18:25.569	S1P2CCP2	B	报警	换流器	阀VC.V1(D5) 丢脉冲 被检测到
8370	2018-03-22	18:18:25.569	S1P2CCP2	B	报警	换流器	极2阀误触发保护 切换系统
8371	2018-03-22	18:18:25.605	S1P2CCP2	B	紧急	换流器	极2阀误触发保护 跳闸
8372	2018-03-22	18:18:25.606	S1P2CCP2	B	轻微	切换逻辑	退出备用
8373	2018-03-22	18:18:39.169	S1P2CCP2	B	紧急	阀控接口	VBE系统 异常
8374	2018-03-22	18:18:39.171	S1P2CCP2	B	紧急	系统监视	紧急故障 出现
8375	2018-03-22	18:18:39.171	VBE	–	报警	极2低VBE-B	VBE机箱06HDLC异常 报警
8376	2018-03-22	18:18:39.174	S1P2PCP1	B	报警	系统监视	CCP22非运行主机异常 出现
8377	2018-03-22	18:18:39.174	S1P2PCP1	A	报警	系统监视	CCP22非运行主机异常 出现
8378	2018-03-22	18:18:39.176	S1P2PCP1	B	轻微	系统监视	轻微故障 出现
8379	2018-03-22	18:18:39.179	S1P2CCP1	B	报警	系统监视	本极对阀组CCP非运行主机异常 出现
8380	2018-03-22	18:18:39.179	S1P2CCP1	A	报警	系统监视	本极对阀组CCP非运行主机异常 出现
8381	2018-03-22	18:18:39.179	S1P2PCP1	A	轻微	系统监视	轻微故障 出现
8382	2018-03-22	18:18:39.183	S1P2CCP1	B	轻微	系统监视	轻微故障 出现
8383	2018-03-22	18:18:39.184	S1P2CCP1	A	轻微	系统监视	轻微故障 出现
8384	2018-03-22	18:30:32.472	S1P1PCP1	A	正常	功率控制	升降 命令执行
8385	2018-03-22	18:36:27.526	S1P2CCP2	B	紧急	系统监视	阀控单元接口D5 故障
8386	2018-03-22	18:36:27.526	S1P2CCP2	B	紧急	系统监视	阀控单元接口D2 故障
8387	2018-03-22	18:36:27.526	S1P2CCP2	B	紧急	系统监视	阀控单元D5 故障
8388	2018-03-22	18:36:27.526	S1P2CCP2	B	紧急	系统监视	阀控单元D2 故障

图 4-32　第七次事件告警

4.4.2　故障原因分析

4.4.2.1　设备检查情况

前六次丢脉冲故障出现并短时复归后，现场检查 VBE 屏柜无异常告警，各板卡及机箱指示灯正常，其中 D2、D5 单阀所在机箱背面板卡指示灯如图 4-33（a）所示。通过指示灯可以看出 A、B 系统主控板运行状态完全一致。第七次故障出现后，现场检查 VBE 6 号触发与监测机箱正面“正常”指示灯熄灭，背面“运行指示灯”熄灭，如图 4-33（b）所示。由于主控板运行指示灯熄灭，判断 VBE 6 号机箱主控板 B 故障，为防止阀控主机 CCP 及阀基电子设备 VBE 长时间单系统运行，现场立即申请对故障板卡进行带电更换。

（a）　（b）

图 4-33　VBE6 号触发与监测机箱背面板卡指示灯

（a）前六次故障；（b）第七次故障

4.4.2.2 故障处理情况

（1）处理前的准备工作。由于 VBE 6 号触发与监测机箱背面光纤近 300 根，在有限空间内相对比较密集且存在交叉情况，需要更换的主控板 B 与运行中的主控板 A 及触发与监测板相邻，若处理过程中触碰运行板卡及光纤，极有可能导致极Ⅱ低端阀组闭锁，为确保更顺利完成板卡更换且不会误碰运行系统的板卡及光纤，现场检修人员在备用机箱上对板卡及光纤的拆装过程进行五次模拟演练，从而熟练掌握更换步骤及注意事项。

（2）处理过程。国调许可开工后，检修人员对故障板卡进行了更换，如图 4-34所示。板卡重新上电复位后，监控后台“VBE 机箱 06HDLC 异常”复归，但丢脉冲信号仍然存在，且又报出“VBE 机箱 06 解闭锁异常”，检查 VBE 6 号机箱主控板 B 运行指示灯恢复正常、主控板解闭锁信号指示灯熄灭，事件指示灯常亮，如图 4-35 所示。

图 4-34　故障处理过程

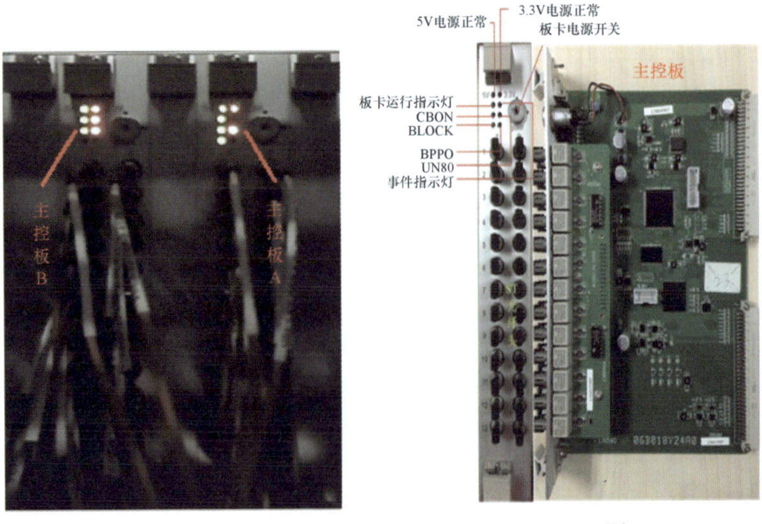

（a）　　（b）

图 4-35　主控板更换后状态

（a）接线板；（b）主控板

经分析，“VBE机箱06HDLC异常”复归、主控板运行指示灯恢复正常，说明更换后的主控板无故障，判断VBE通信与控制机箱的OUT板或DEBLOCK信号光纤通道存在故障。

将通信与控制机箱B内OUT板的光纤拆除，熄灯检查发现OUT板至6号触发与监测机箱的DEBLOCK信号光收发器无正常光源，如图4-36所示。测试传输DEBLOCK信号的光纤正常，确定OUT板至6号触发与监测机箱的DEBLOCK信号光收发器A18故障，将传输DEBLOCK信号的光纤调换至OUT板备用A20光收发器后（见图4-37），VBE状态指示灯均恢复正常，监控后台所有异常信号均复归、主机均恢复至正常状态，对CCP主机进行系统切换试验，切换后B系统运行正常。

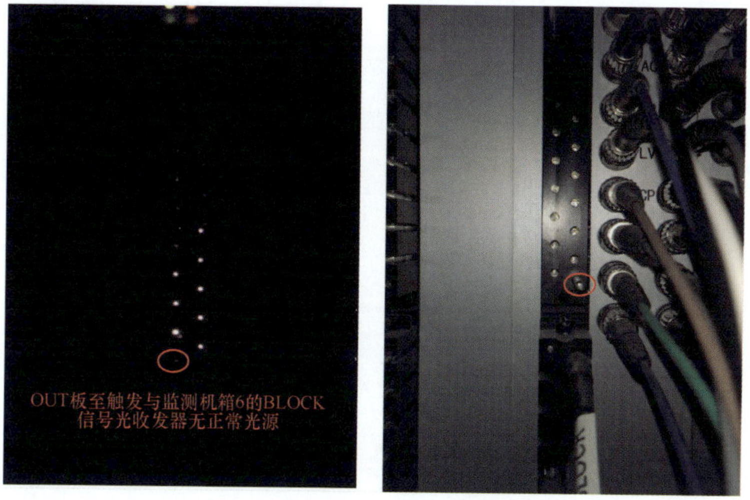

图4-36　OUT板熄灯检查情况

3月23日0时30分，设备持续正常运行1h后，运维人员向国调汇报故障处理完毕。

4.4.2.3　故障原因及分析

（1）CCP与VBE间触发回报光纤连接方式及检测原理。

1）CCP侧光纤连接。阀控与VBE之间的CP、FP信号共12对，对应12个单阀。在CCP侧，此12对光纤分别接在CCP屏柜第二层阀控接口机箱H2.6、H2.7、H2.8板卡内，每块板卡接4对光纤，编号为CP1、FP1～CP12、FP12，对应Y1～Y6、D1～D6单阀的触发回报。其中故障的D2单阀对应H2.7的第7、8号光口，D5单阀对应H2.8的第5、6光口，如图4-38所示。

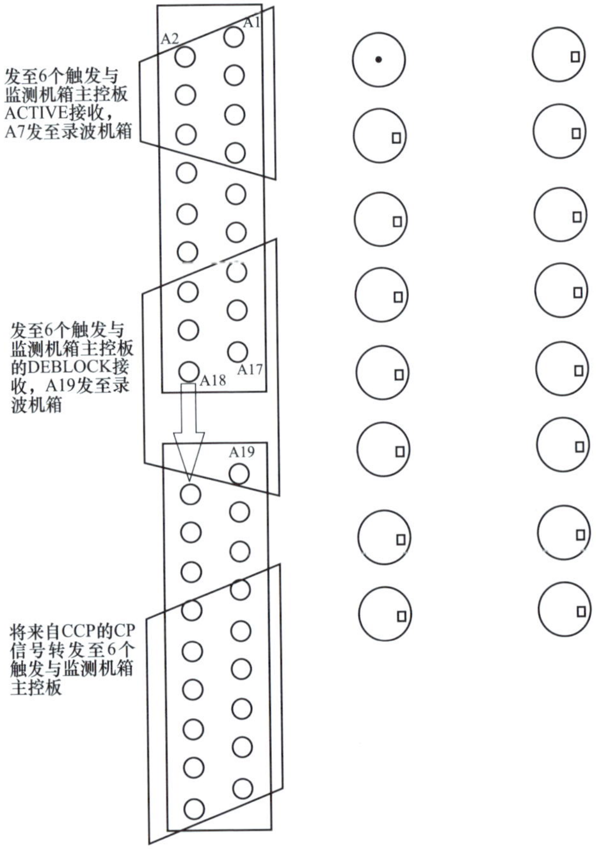

图 4-37　BLOCK 信号光纤调换后位置

2）VBE 侧光纤连接。在 VBE 屏柜内，共 6 个触发与监测机箱，第一层 01、02、03 机箱对应 Y 桥 6 脉动，第二层 04、05、06 机箱对应 D 桥 6 脉动，而发生故障的 D2、D5 单阀控制监视功能均在 06 机箱内实现，如图 4-39 所示。

CCP 触发光纤 CP 接至 VBE 通信与控制机箱的 OUT 板卡 MS5004，由通信与控制机箱再转接至 6 个触发与监测机箱的主控板，如图 4-40 和图 4-41 所示。

回报光纤 FP 由各触发与监测机箱的主控板直接连至 CCP 的阀控接口机箱，中间不经其他装置转接。

因此，触发与回报光纤最终均接在触发与监测机箱的主控板。

3）触发脉冲检测原理。每个单阀的运行周期为 20ms，其中 6.67ms 处于导通状态，其余时间处于关断状态，若在 CCP 发出触发脉冲 CP 后 6.67ms 内收到

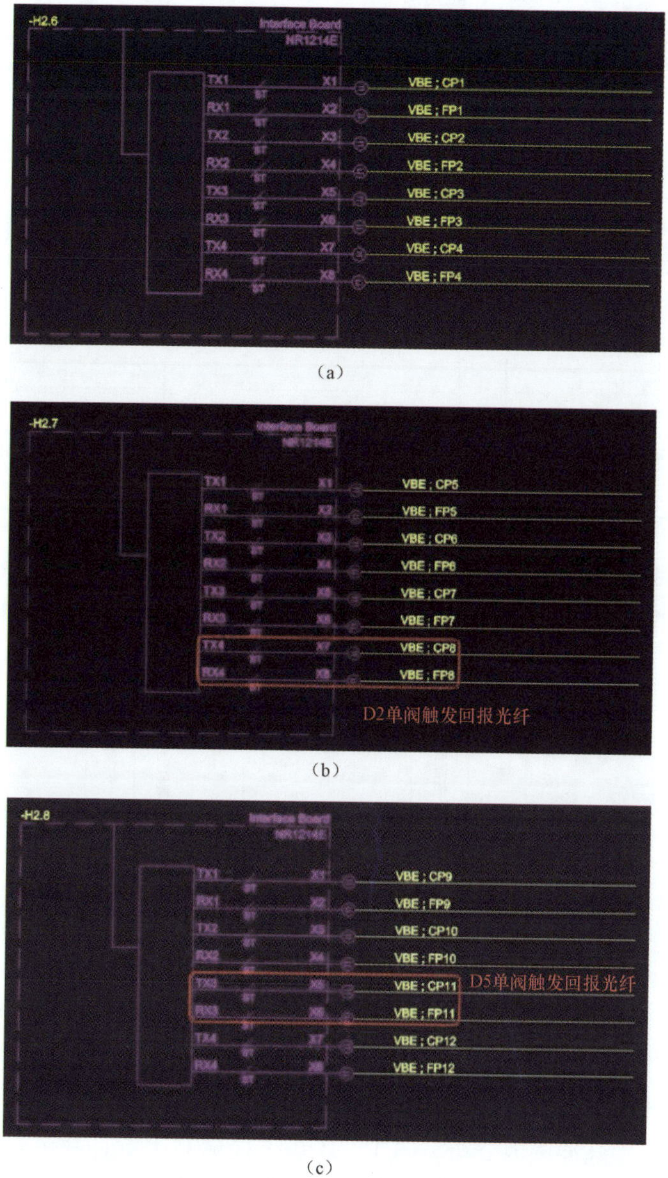

图 4-38　CCP 触发与回报光纤连接图

(a) H2.6 板卡；(b) H2.7 板卡；(c) H2.8 板卡

FP 回报信号，则认为阀正常导通，若没有收到 FP 信号，则判断阀发生丢脉冲故障；若在 6.67ms 之后，即阀关断状态收到 FP 回报信号，则认为阀发生误触发故障。

CCP 检测到 VBE 上传的 FP 信号异常后，延时 70ms 告警，并发出切系统

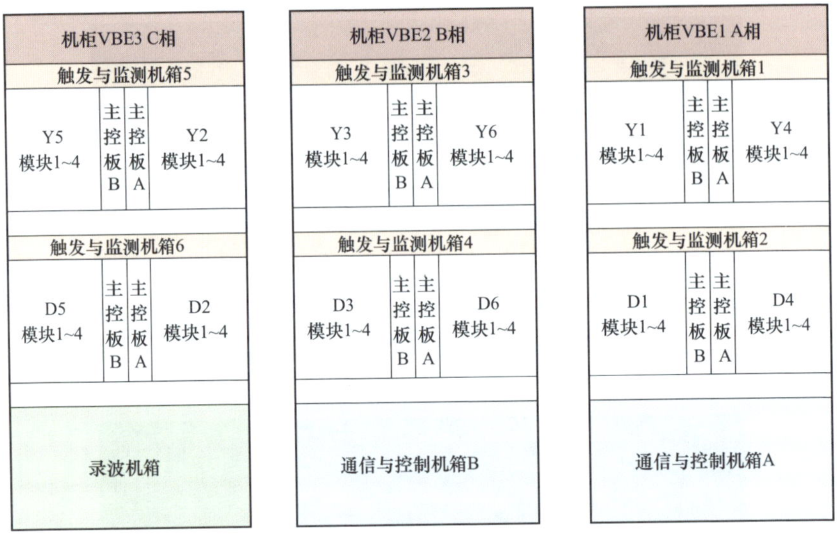

图 4-39　VBE 机箱配置

图 4-40　通信与控制机箱

指令。延时 100ms，即告警后再经 30ms 发出跳闸信号。本次故障发生时，由于 CCP22B 主机处于备用状态，因此系统未发生切换且跳闸信号未出口，CCP 主机由于存在跳闸信号自动退出备用至服务状态。

（2）阀控丢脉冲原因分析。CCP22B 系统检测到丢脉冲故障，说明 CCP 没有收到正常的 FP 信号。通过触发脉冲检测原理分析，故障的可能原因有：

1）CCP 阀控接口机箱板卡故障，CCP 与 VBE 间的 FP 回报信号光纤故障，或者 CCP 与 VBE 间的 CP 触发信号光纤故障，导致 CCP 未收到 FP 信号误判丢脉冲。

由于故障的单阀有 D2 和 D5 两个，在 CCP 阀控接口机箱内，D2 与 D5 单阀的 FP 回报信号和 CP 触发信号分别接在 H2.7 与 H2.8 板卡内，因此，CCP 两块板卡或 D2 与 D5 单阀的回报光纤同时故障的可能性比较小。

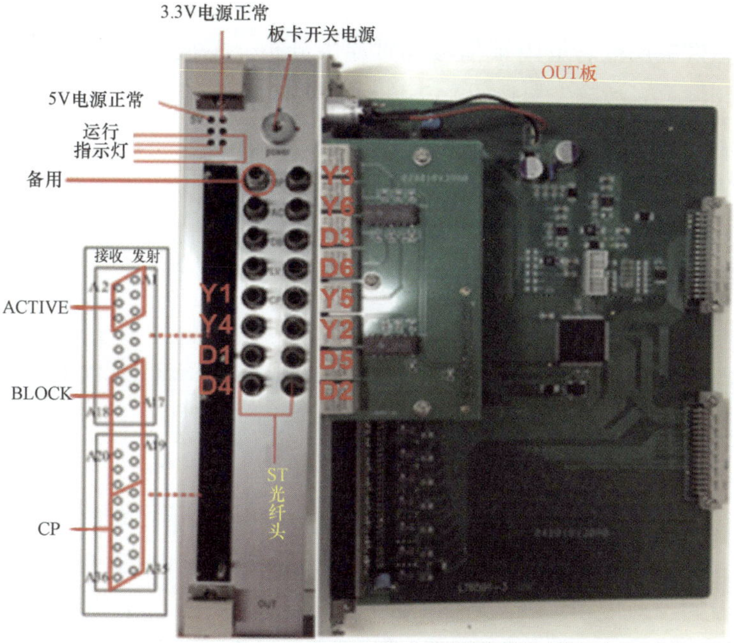

图 4-41　OUT 板卡

2）6 号触发与监测机箱 B 系统主控板故障未能正常发送 FP 回报信号。D2 与 D5 单阀的 FP 回报信号和 CP 触发信号光纤均接在 6 号触发与监测机箱主控板上，因此，B 系统主控板故障的可能性较大。

3）6 号触发与监测机箱主控板、通信与控制机箱之间的 DEBLOCK 信号异常，VBE 向 CCP 反馈的 FP 信号异常。主控板接收 OUT 板的 DEBLOCK 信号及 CP 信号均正常后，主控板才会给 CCP 发送 FP 信号。如果 DEBLOCK 信号异常，存在主控板无法向 CCP 正常发送 FP 信号的可能。

（3）18 时 18 分“VBE 异常”原因分析。解锁运行期间，VBE 上传给 CCP 的 VBE_OK 信号为 10kHz。如没有收到正确的 VBE_OK 信号，CCP 认为出现紧急故障。CCP 会上报“VBE 系统异常”和“紧急故障出现”报文。

监测到通信与控制机箱和触发与监测机箱之间的 HDLC 通信中断时，VBE 会上报“VBE 机箱 HDLC 异常”报文。此时，触发与监测机箱检测到的故障报文将无法上传。

VBE 上传给 CCP 的 FP 信号既不是经过 1MHz 调制的 16us 脉冲序列，也不是 1MHz 信号时，CCP 会上报“阀控单元接口故障”和“阀控单元故障”报文。

当 CCP22 上报“VBE 系统异常”和“紧急故障出现”报文，VBE-B 上报“VBE 机箱 6 HDLC 异常”，6 号触发与监测机箱 B 系统主控板的运行指示灯熄灭时，可以确认该主控板故障。

(4) 更换主控板后解闭锁信号异常原因分析。更换主控板后，“HDLC 故障”和“阀控单元故障”复归，“VBE 系统异常”“紧急故障出现”“阀 VC. V1 (D5) 丢脉冲被检测到”“阀 VC. V2 (D2) 丢脉冲被检测到”报警信号仍然存在，且新增“VBE 机箱解闭锁信号异常”报文。

DEBLOCK 信号解锁时为 1MHz 的脉冲信号，闭锁时为 10kHz 的脉冲信号。触发与监测机箱主控板与通信与控制机箱之间的 DEBLOCK 信号异常时，VBE 上报“VBE 机箱解闭锁信号异常”报文。

现场检查发现 OUT 板的光收发器 A18 发光异常，将 DEBLOCK 信号光纤调换至备用光收发器后，VBE 工作状态恢复正常。可以确定 OUT 板的光收发器 A18 故障，导致 6 号触发与监测机箱主控板未接收到正确的 DEBLOCK 信号。

为了增强 DEBLOCK 信号抗干扰能力，当 DEBLOCK 连续多个检测周期出现故障时，主控板才会上报“解闭锁信号异常”报文；而当 DEBLOCK 信号故障时，为及时反应 VBE 工作状态的变化，会导致 FP 信号由 1MHz 调制的 16μs 脉冲序列变为 1MHz 信号，CCP 会检测到丢脉冲故障。由于 OUT 板的光收发器 A18 光功率降低，导致 DEBLOCK 信号处于时好时坏的临界状态，所以会多次上报丢脉冲故障，但是一直没有“解闭锁信号异常”报文。

持续一段时间后，由于 DEBLOCK 信号连续不稳定，导致主控板发生故障。主控板和通信与控制机箱的 HDLC、输出的 VBE_OK 信号和 FP 信号均发生异常，监控后台报“解闭锁信号异常”“VBE 系统异常”和“紧急故障出现”报文。

更换主控板后，触发与监测机箱能正常工作，与通信与控制机箱的 HDLC 通信恢复。但是 OUT 板的光收发器 A18 已完全故障，6 号触发与监测机箱主控板无法接收到正确的 DEBLOCK 信号；主控板输出的 VBE_OK 信号和 FP 信号均为 1MHz 的序列脉冲，“VBE 系统异常”“紧急故障出现”“阀 VC. V1 (D5) 丢脉冲被检测到”“阀 VC. V2 (D2) 丢脉冲被检测到”报警信号仍然存在。

4.4.3 结论及建议

4.4.3.1 结论

通过对此次故障进行分析，得出以下结论。

(1) 本次故障的根本原因是由于 OUT 板光收发器输出的 DEBLOCK 信号异常导致。前六次丢脉冲是由于 OUT 板输出光收发器间歇性抖动，之后光收发器完全故障，导致告警报出后未复归。

（2）主控板故障原因可能为 DEBLOCK 信号不稳定所致，但不排除其他原因，需要将板卡返厂检测。

（3）前六次 DEBLOCK 信号抖动不应导致 CCP 丢脉冲故障，应对 DEBLOCK 信号的判定机制加以完善。

4.4.3.2 建议

（1）VBE 的 DEBLOCK 信号抖动导致 CCP 收不到 FP 信号，导致丢脉冲故障发生，判定机制过于苛刻，建议设备厂家对 DEBLOCK 信号的判定机制进行研究完善，尽量避免信号抖动对 FP 信号的影响。

（2）建议设备厂家研究增加 VBE 对光纤衰耗的监测预警机制的可行性，在光纤衰耗达到一定值时上送报警信号，提醒运维人员进行检查处理。

（3）对此次事故处理全过程进行总结分析，完善应急预案、检修方案和作业指导书，为后续事故处理积累经验。

（4）积极跟踪 VBE 系统故障主控板 CS5000 返厂检测，查清板卡故障原因，并排查其他主机同型号板卡是否存在类似隐患，3 月 27 日前提交详细分析报告。

（5）年度检修时，对倒换备用光通道的通信与控制机箱 OUT 板 MS5004 进行详细检查，检查异常光通道的输出波形，确认板卡异常的原因。

5 其他类型设备故障

5.1 某换流站极Ⅱ过电压保护动作分析

5.1.1 故障简介

5.1.1.1 故障描述

2018年4月9日0时45分，某换流站极Ⅱ不带线路自动OLT试验完成瞬间，OWS后台报出：直流过电压保护系统切换产生，极2直流保护/换流变饱和保护启动极控系统切换产生，直流过电压保护跳闸产生，WA-W4-Q1/3341开关第一、二组出口跳闸、WA-W4-Q2/3342开关第一、二组出口跳闸产生，两组开关A、B、C相跳闸产生，外部跳闸闭锁直流系统产生，第四串交流接口屏3341、3342开关间隔事故总产生，保护启动极Ⅱ隔离产生，极Ⅱ转至极隔离状态。后台事件记录如图5-1所示。

2018-04-09, 00:45:02:545	直流SER事件	主(B)	107449	极2直流保护A	直流过电压保护跳闸	产生
2018-04-09, 00:45:02:545	直流SER事件	主(B)	107609	极2直流保护B	直流过电压保护跳闸	产生
2018-04-09, 00:45:02:545	直流SER事件	主(B)	107769	极2直流保护C	直流过电压保护跳闸	产生
2018-04-09, 00:45:02:545	直流SER事件	从(A)	107449	极2直流保护A	直流过电压保护跳闸	产生
2018-04-09, 00:45:02:545	直流SER事件	从(A)	107609	极2直流保护B	直流过电压保护跳闸	产生
2018-04-09, 00:45:02:545	直流SER事件	从(A)	107769	极2直流保护C	直流过电压保护跳闸	产生
2018-04-09, 00:45:02:559	直流SER事件	主(B)	109146	极2	外部跳闸闭锁直流系统	产生
2018-04-09, 00:45:02:659	直流SER事件	从(A)	109146	极2	外部跳闸闭锁直流系统	产生
2018-04-09, 00:45:02:564	直流SER事件	主(A)	118562	330kV交流站控	WA-W4-Q1/3341开关合	消失
2018-04-09, 00:45:02:567	直流SER事件	主(A)	118593	330kV交流站控	WA-W4-Q1/3341开关 B相跳闸	产生
2018-04-09, 00:45:02:567	直流SER事件	主(A)	118594	330kV交流站控	WA-W4-Q1/3341开关 C相跳闸	产生
2018-04-09, 00:45:02:567	直流SER事件	主(A)	118598	330kV交流站控	WA-W4-Q1/3341开关第一、二组出口跳闸	产生
2018-04-09, 00:45:02:568	直流SER事件	主(A)	118570	330kV交流站控	WA-W4-Q1/3341开关 A相跳闸	产生
2018-04-09, 00:45:02:568	直流SER事件	从(B)	118602	330kV交流站控	WA-W4-Q2/3342开关合	消失
2018-04-09, 00:45:02:571	直流SER事件	从(B)	118632	330kV交流站控	WA-W4-Q2/3342开关 A相跳闸	产生
2018-04-09, 00:45:02:571	直流SER事件	从(B)	118634	330kV交流站控	WA-W4-Q2/3342开关 C相跳闸	产生
2018-04-09, 00:45:02:571	直流SER事件	从(B)	118638	330kV交流站控	WA-W4-Q2/3342开关第一、二组出口跳闸	产生
2018-04-09, 00:45:02:572	直流SER事件	从(B)	118633	330kV交流站控	WA-W4-Q2/3342开关 B相跳闸	产生
2018-04-09, 00:45:02:579	直流SER事件	主(A)	118602	330kV交流站控	WA-W4-Q2/3342开关合	消失
2018-04-09, 00:45:02:579	直流SER事件	从(B)	118562	330kV交流站控	WA-W4-Q1/3341开关合	消失
2018-04-09, 00:45:02:580	直流SER事件	主(A)	118594	330kV交流站控	WA-W4-Q1/3341开关 C相跳闸	消失
2018-04-09, 00:45:02:581	直流SER事件	主(A)	118634	330kV交流站控	WA-W4-Q2/3342开关 C相跳闸	产生
2018-04-09, 00:45:02:582	直流SER事件	主(A)	118632	330kV交流站控	WA-W4-Q2/3342开关 A相跳闸	产生
2018-04-09, 00:45:02:582	直流SER事件	主(A)	118638	330kV交流站控	WA-W4-Q2/3342开关第一、二组出口跳闸	产生
2018-04-09, 00:45:02:582	直流SER事件	从(B)	118593	330kV交流站控	WA-W4-Q1/3341开关 B相跳闸	产生
2018-04-09, 00:45:02:582	直流SER事件	从(B)	118594	330kV交流站控	WA-W4-Q1/3341开关 C相跳闸	产生
2018-04-09, 00:45:02:583	直流SER事件	主(A)	118593	330kV交流站控	WA-W4-Q1/3341开关 B相跳闸	消失
2018-04-09, 00:45:02:583	直流SER事件	主(A)	118633	330kV交流站控	WA-W4-Q2/3342开关 B相跳闸	产生
2018-04-09, 00:45:02:583	直流SER事件	从(B)	118570	330kV交流站控	WA-W4-Q1/3341开关 A相跳闸	产生
2018-04-09, 00:45:02:583	直流SER事件	从(B)	118634	330kV交流站控	WA-W4-Q2/3342开关 C相跳闸	消失

图5-1 事件记录截图

5.1.1.2 故障设备信息

该换流站极保护装置采用HCM200系列，三重化配置，实现“三取二”动作逻辑，即两副跳闸同时动作才会出口。

5.1.1.3 故障前运行情况

直流系统方式：极Ⅱ单极大地回线热备用方式，极ⅡOLT试验方式。

直流滤波器：011LB、012LB投入，021LB、022LB投入。

交流滤波器：3611断路器、3612断路器、3613断路器、3614断路器、3615断路器、3621断路器、3622断路器、3623断路器、3624断路器、3625断路器、3631断路器、3632断路器、3633断路器、3634断路器热备用。

站用电系统方式：站用电Ⅱ、Ⅱ回运行正常，Ⅲ回备用。

水冷系统方式：双极外冷水运行正常。

故障发生时，站址地区天气晴天，环境温度3℃。

5.1.2 故障原因分析

5.1.2.1 现场检查及试验分析

（1）保护动作情况检查。查看装置及事件记录，异常发生时三套保护装置均发出直流过电压保护跳闸信号，保护动作正确出口。

（2）设备外观检查。异常发生后，换流站立即组织运维人员对极Ⅱ极母线分压器、避雷器、中性线冲击电容、换流阀等一次设备进行现场检查。经检查，阀塔内部无异物及放电痕迹，避雷器外观无异常、无明显放电痕迹、放电计数器未动作，中性母线冲击电容器外观无异常、无明显放电痕迹，极Ⅱ户内直流场分压器外观无异常、无明显放电痕迹，如图5－2～图5－4所示。

图5－2 极Ⅱ户内直流场分压器图

图5－3 极Ⅱ母线避雷器

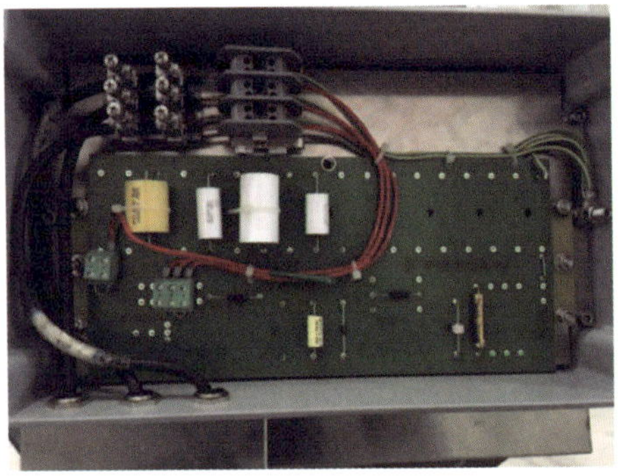

图 5-4　极Ⅱ户内直流场分压器测量分压板图

（3）故障录波检查。现场检查故障录波，直流保护 A、B、C 的 U_{dl} 采样值的标幺值均超过 1.25（保护闭锁定值），如图 5-5 所示。

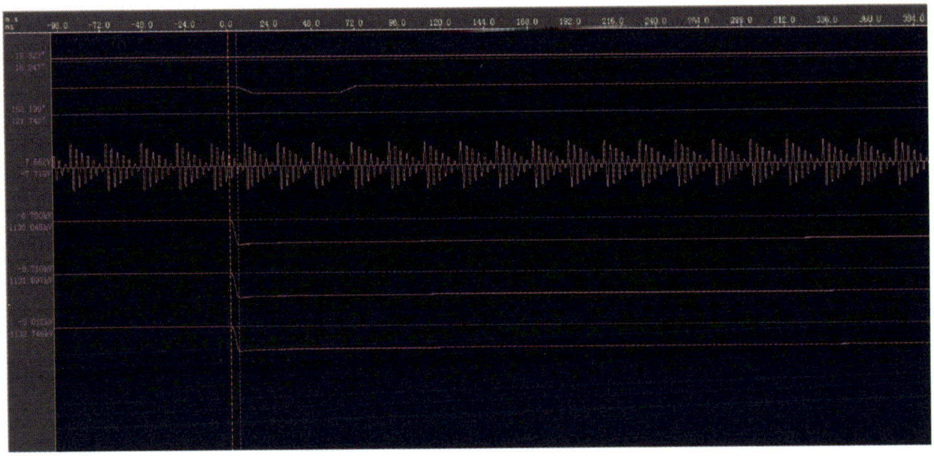

图 5-5　直流保护 U_{dl} 采样值

5.1.2.2　综合分析

（1）直流过电压原理。

1）保护范围和目的。保护范围是整个极，包括换流器和直流线路。它检测由直流开路、逆变器闭锁或控制系统故障引起的直流过电压情况。

2）保护判据。

判据为

$$U_{dl}>\Delta$$

或

$$U_{dl}>\Delta$$

$$I_{dl} < \Delta$$

式中 U_{dl}——直流线路电压；

I_{dl}——直流线路电流；

Δ——保护定值。

极开路试验情况下定值如下：

a. 系统切换段：$|U_{dl}|>1.1$（标幺值），延时30s，启动极控系统切换；

b. 保护Ⅰ段：$|U_{dl}|>1.15$（标幺值），延时200ms，启动极控系统切换，延时300ms，紧急停运；

c. 保护Ⅱ段：$|U_{dl}|>1.25$（标幺值），延时150ms，启动极控系统切换，延时200ms，跳交流断路器，极隔离。

根据跳闸时刻 U_{dl} 采样值，满足Ⅱ段保护定值，保护正确动作。

（2）U_{dl} 采样回路。该换流站 U_{dl} 采样回路图如图5-6所示。

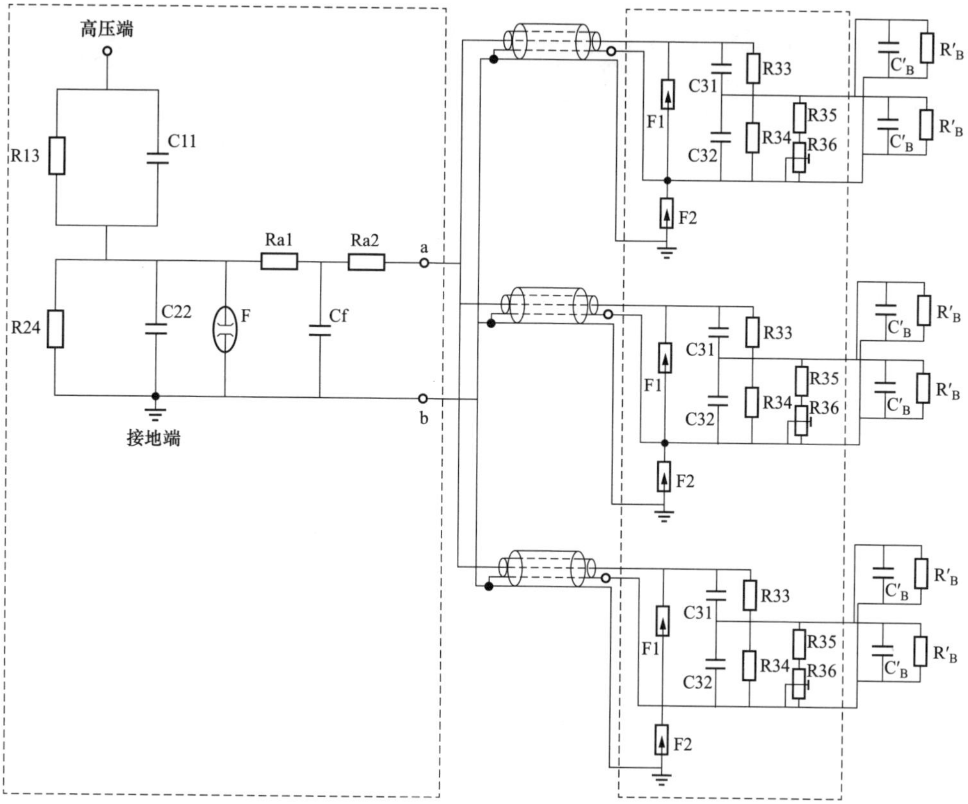

图5-6 分压器采样回路

一次本体为电阻与电容的并联组成的分压回路，通过一次测量分压板转换为100V电信号，通过同轴电缆送入主控室测量接口屏。通过二次分压板将

100V 电信号转换为 5V 信号，送入极控与极保护采样单元。

通过现场一次侧变比测量试验的试验结果可以发现，在发生直流过电压后，整个分压采样回路采样是正常的，没有发生采样偏差的情况。

（3）换流变压器故障录波分析。现场查看换流变压器故障录波发现，换流变压器网侧星型侧首端套管中 A、C 相电流方向相反、幅值相同，网侧三角形 A、B、C 三相电流为两相相同，一相相反，符合换流阀导通过程后的运行状况，如图 5－7 所示。

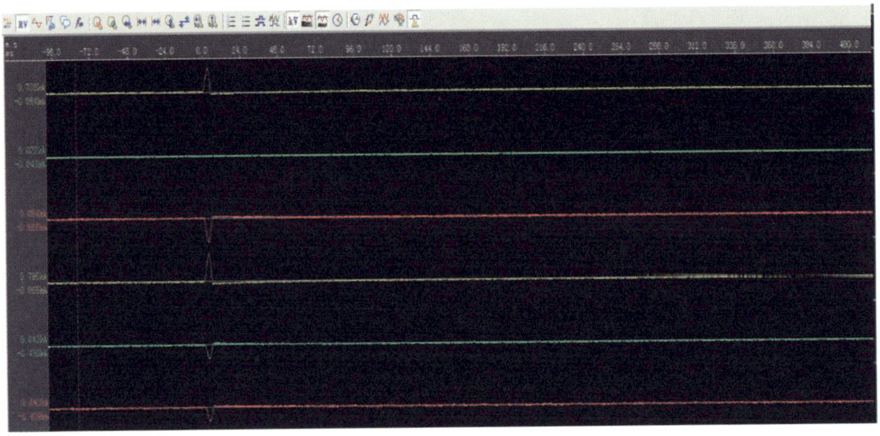

图 5－7　换流变压器故障录波图

（4）直流保护动作故障录波分析。根据图 5－8 直流波形分析如下：OLT 完成后，极Ⅱ极控系统 A/B 系统均发出闭锁信号，在触发角没有变化前，直流电压在 6.1ms 内迅速由－8.7kV 增加到－1132kV，在直流电压变化前，角度、控制方式、参考值都未发生突变，因为 OLT 已经闭锁，但是检测到了直流电流变化角度移向 120°，角度移动到 120°后直流电压没有发生变化。

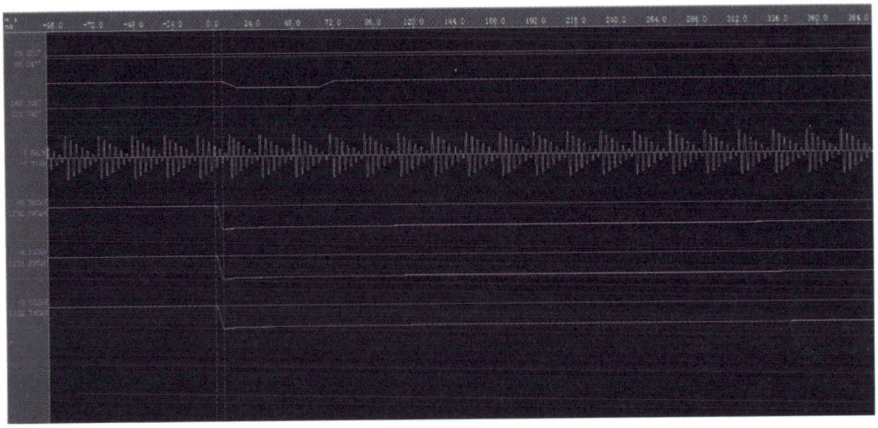

图 5－8　直流保护动作

（5）故障时刻换流阀导通情况分析。换流变压器绕组接线方式简述：12 脉动整流器的工作原理是将两组 6 脉动整流桥串联形成 12 脉动阀组，换流变压器的阀侧绕组一个为星形接法，而另外一个为三角形接线，从而使两个 6 脉动换流器的交流侧得到相差为 30°的换相电压。该换流站阀侧三角形接法为：A 相末端接 B 相首端，B 相末端接 C 相首端，C 相末端接 A 相首端，且分别从三相首端处取和电流伸向换流阀，如图 5－9 所示。

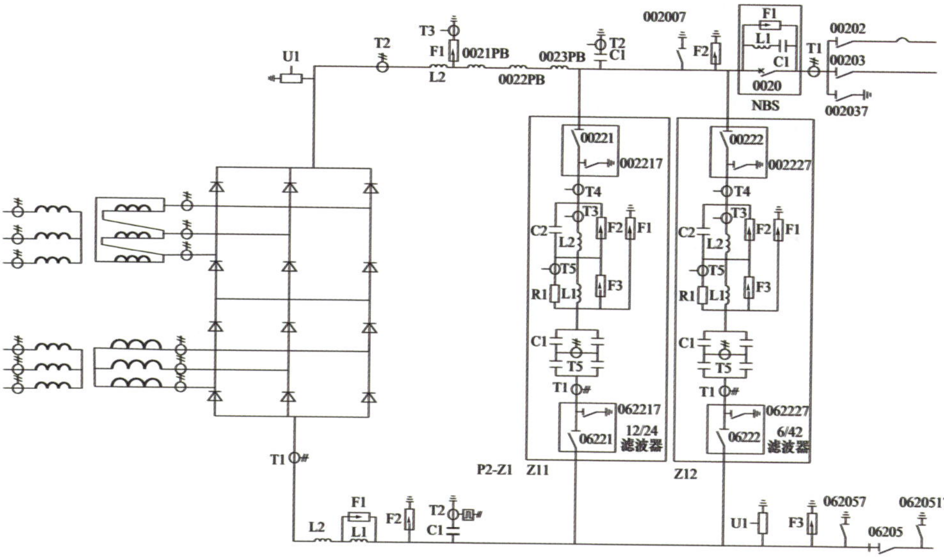

图 5－9　换流阀接线方式图

在故障录波中分别取换流变压器阀侧星形首端电流 I_a、I_b、I_c，换流变压器阀侧三角侧首端电流 I_a、I_b、I_c 进行分析，如图 5－10 所示。

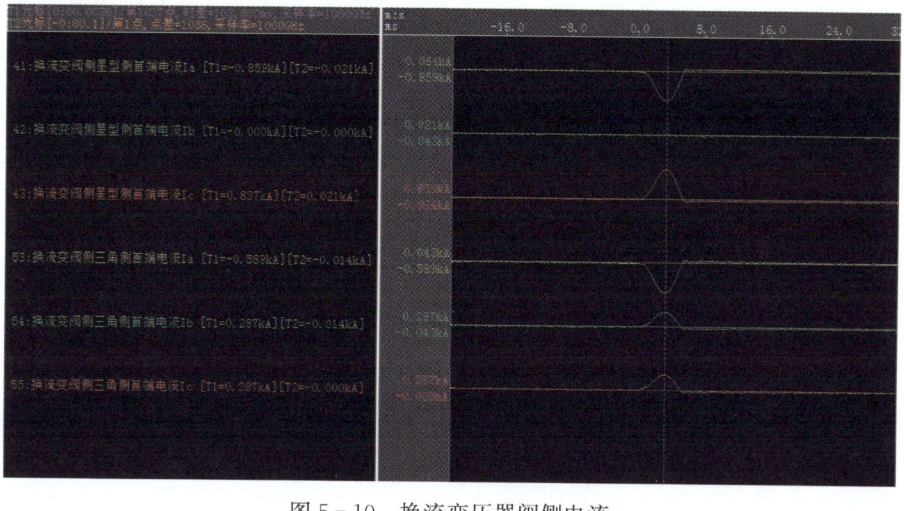

图 5－10　换流变压器阀侧电流

1）星形侧导通换流阀。根据故障录波中换流变阀侧星型首端电流 I_c 为正，I_a 为负，且两电流幅值相同，得出星形侧导通的换流阀为阀 Y4 和阀 Y5。

2）三角侧导通换流阀。由三角侧接线方式无法从故障录波中直接得出导通换流阀，根据三角侧接线方式可知 $I_A=I_a-I_c$，$I_B=I_b-I_a$，$I_C=I_c-I_b$。结合故障录波可以计算得到 I_A 为负，I_B 为正，I_C 为零，且 I_A 与 I_B 幅值相同，则得出三角侧导通的换流阀为阀 D3 和阀 D4。

因此，极Ⅱ导通换流阀为 Y4、Y5、D3、D4，导通时刻电流流向如图 5－11 所示。

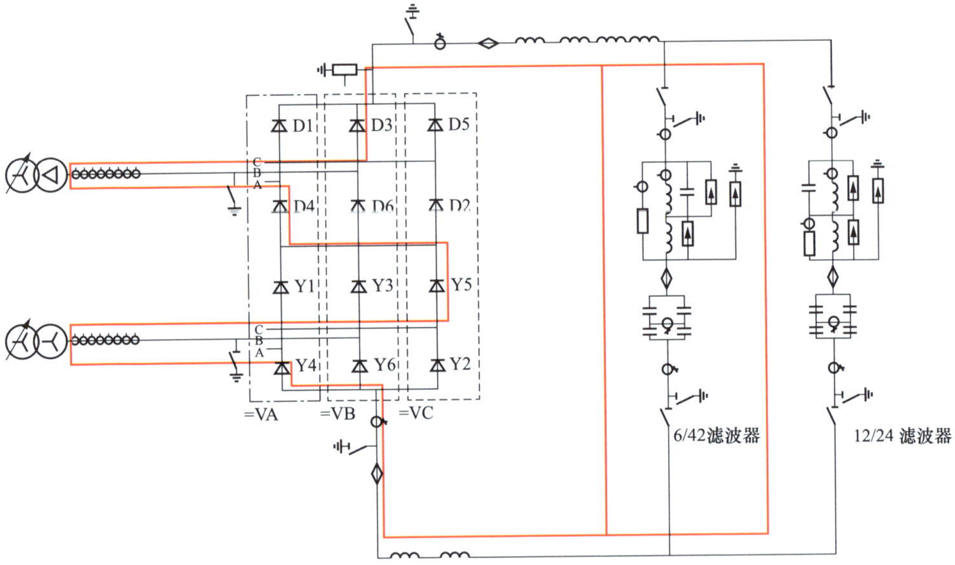

图 5－11　晶闸管电流流向图

（6）导通时刻 U_{dl} 的计算。换流阀导通后与两组直流滤波器形成回路，此时 U_{dl} 计算仍可用空载加压的计算公式，如下所示。

空载直流加压模式下直流电压为

$$U_d=\frac{4}{3}\times\frac{\pi}{\sqrt{3}}U_{di0}\cos(\alpha-60^\circ) \tag{5-1}$$

阀侧理想空载电压为

$$U_{di0}=\frac{3\sqrt{2}}{\pi}U_{ac} \tag{5-2}$$

根据式（5－1），U_{dl} 可达到的最大值为 $\alpha=60^\circ$ 时。

结合极Ⅱ现场工况，换流变压器分接头处于 $n=24$ 档的位置，U_{dl} 最大值计算过程为

$$U_{ac}=[1+(n-5)\times1.25\%]\times281.7 \tag{5-3}$$

式中，n 为换流变分接头档位；换流变压器阀侧额定线电压取 281.7kV；分接头的步长取 1.25%。

将式（5－2）和式（5－3）代入式（5－1），得到 U_{dl} 的最大峰值为

$$U_{dl}=\sqrt{2}\times\frac{4}{3}\times\frac{\pi}{\sqrt{3}}\times\frac{3\sqrt{2}}{\pi}\times[1+(n-5)\times 1.25\%]\times 281.7=1608\text{kV} \quad (5-4)$$

（7）极控系统与 VBE 屏柜触发信号回路简述。该换流站极控系统 HCM200 发送的触发脉冲信号为并行数据，而 VBE S5005 板卡仅接收串行数据，因此设计过程中在极控系统屏柜内加装 VBE 转换盒，进行触发脉冲的数据转换，如图 5－12 所示。

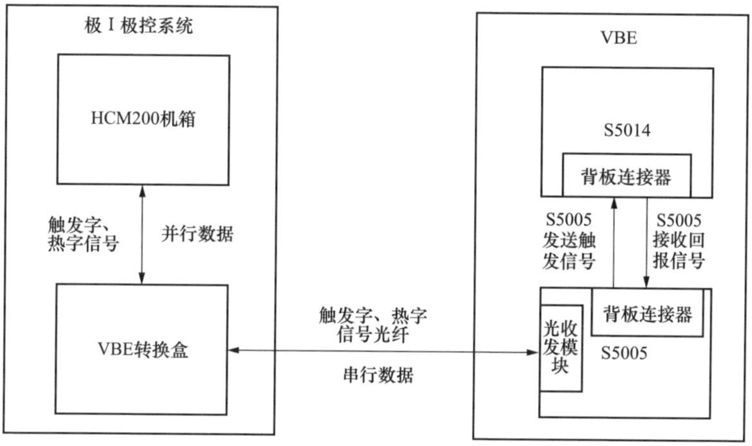

图 5－12　极控与 VBE 数据通信框图

极控系统通过光纤向 VBE 屏柜内 S5005 板发送触发字，S5005 板对接收到的触发字和热字进行解码，实现对换流阀的触发。触发命令采用串行归零码传送，在一帧触发命令中，位 0 为起始位；位 1～12 表示阀 1～阀 12 是否需要触发导通，“1”表示触发，“0”表示不触发；位 13 为奇偶校验位；位 14、位 15 为结束标志位，保持为“0”。

该换流站极控发送给 VBE 的触发脉冲信号通过极控屏柜内的 VBE 转换盒，通过串行通信方式传输，VBE 将此信号转换为并行通信方式后输入板卡。根据极控系统逻辑，若没有解锁信号，VBE 不会向晶闸管阀触发信号。

综合以上分析，极Ⅱ控制系统 A/B 在完成自动 OLT 试验后，已发出直流系统闭锁命令，根据极控系统逻辑，若没有解锁信号，VBE 不会向晶闸管阀触发信号，但换流阀在该闭锁命令发出后仍出现了短时导通现象，导致直流过电压保护动作，具体原因需进一步分析。

5.1.3 结论及建议

5.1.3.1 结论

根据以上分析，极Ⅱ控制系统 A/B 在完成自动 OLT 试验后，已发出直流系统闭锁命令，但换流阀在该闭锁命令发出后仍出现了短时导通现象，由于极Ⅱ此时处于不带线路开路状态，在强大交流系统充电状态下，短时将直流电压拉伸至 1131kV，直流过电压保护最终动作跳开交流侧开关，上述现象存在一定偶然性且仅在自动 OLT 试验情况下完成时出现，在正常运行时直流系统均带长线路运行，线路对地电容非常大，出现短时导通时能量将不足以形成过电压，由于极控系统与 VBE 之间的通信链路间无实时录波，换流阀在控制系统闭锁命令发出后未关断的具体原因待进一步仿真分析。

5.1.3.2 建议

（1）组织设备厂家技术支持，从换流阀导通及关闭机制方面进一步分析异常原因。

（2）加强年度检修期间 OLT 试验前相关准备工作的检查及复核。

（3）严格审查年度检修期间各类检修试验方案，确保直流系统各项试验及设备一次带电成功。

5.2 某换流站极Ⅰ高端 800kV 直流穿墙套管故障分析

5.2.1 故障简介

5.2.1.1 故障描述

2018 年 7 月 4 日 16 时 44 分 3 秒，某换流站极Ⅰ高端阀组差动保护 2 段、直流极差保护 2 段动作，极Ⅰ闭锁，故障导致功率损失 2200MW，11s 后极Ⅰ高端阀厅 800kV 直流穿墙套管 SF_6压力低跳闸信号出现。1 分 54 秒后，极Ⅰ低端阀组自动重启成功，现场检查发现极Ⅰ高端 800kV 直流穿墙套管防爆膜破裂，SF_6气体压力降至 0.1MPa。

5.2.1.2 故障前后运行状态

故障前直流双极四阀组全压运行，输送功率 6400MW，极Ⅰ直流电流为

4000A；故障后极Ⅰ闭锁，极2以4200MW运行（标幺值1.05）。1分54秒后，极Ⅰ低端阀组自动重启成功，运行人员手动将极Ⅱ功率降至4000MW。

5.2.1.3 主要事件记录

主要事件记录如表5-1所示。

表5-1 主要事件记录

序号	时间	主机	事件描述
1	16:44:03.097′	CPR11A/B/C	换流器差动保护2段动作
2	16:44:03.098′	P1C2FA/B	保护发出跳交流断路器启动失灵
3	16:44:03.098′	PCP1A/B	保护发出极隔离命令
4	16:44:03.098′	PCP1A/B	保护X闭锁
5	16:44:03.129′	PPR1A/B/C	极差动保护2段动作
6	16:44:03.131′	PCP1A/B	保护Z闭锁
7	16:44:03.153′	PCP1A/B	高阀穿墙套管故障出现
8	16:44:14.245′	P1C2FA/B	A/B/C柜高端阀厅800kV套管SF_6压力低跳闸动作
9	16:44:38.171′	PCP1A/B	极Ⅰ阀组自动解锁功能启动
10	16:44:38.244′	CCP11A/B	P1.WP.Q1（8011）合
11	16:44:47.962′	PCP1A/B PCP2A/B	WN.Q13（01002）合
12	16:44:49.701′	PCP1A/B PCP2A/B	WN.Q11（01001）合
13	16:44:49.857′	PCP1A/B	P1.WN.Q1（0100）合
14	16:45:03.835′	CCP11A	P1.WP.Q12（80116）合
15	16:45:03.886′	CCP11A/B	P1.WP.Q1（8011）合
16	16:45:13.251′	PCP1A	P1.WP.Q17（80105）合
17	16:45:13.283′	PCP1A	极Ⅰ极连接完成
18	16:45:25.850′	CCP11B	P1.WP.Q13（80111）分
19	16:45:47.230	CCP11A/B	P1.WP.Q12（80112）分（高端阀组隔离完成）

5.2.2 故障原因分析

5.2.2.1 录波分析

故障时刻故障录波如图5-13和图5-14所示。

根据故障录波得出极Ⅰ故障前后电流，如表5-2所示。

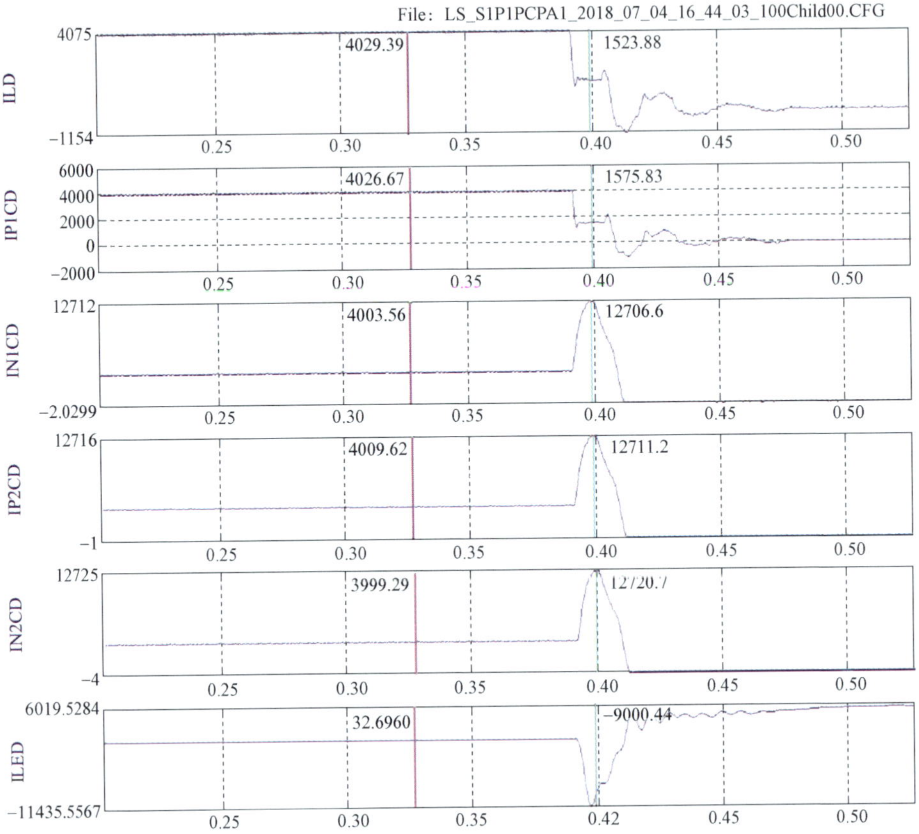

图 5-13　PCP 故障波形

表 5-2　　各测点电流变化表

电流互感器编号	信号名称	故障前电流（A）	故障后电流（A）	备　注
IDL	线路电流	4029.39	1523.88	故障后，高端极出线电流 IDC1P 与线路电流 IDL 基本一致；换流变阀侧电流 IVY_H 与中性线出线电流 IDC1N 基本一致
IDC1P	高端阀组极出线电流	4026.67	1575.83	
IVY_H	高端阀组换流变阀侧电流	4004	12488	
IDC1N	高端阀组中性出线电流	4003.56	12706.6	
IDC2P	低端阀组极出线电流	4009.62	12711.2	故障后，极Ⅰ低端电流 IDC2P 和极Ⅰ高端中性出线电流 IDC2N 升至 12700A 左右
IDC2N	低端阀组中性出线电流	3999.29	12720.7	
IDEL	接地极电流	32	-9000	

根据上述电流特征判断，故障点位于 IDC1P 与 IVY 之间，如图 5-15 所示。故障期间，极Ⅰ高端通过故障点、接地极、极Ⅰ低端形成短路回路，致使极Ⅰ高端 IVY、IVD、IDC1N 及极Ⅰ低端电流达到 12000A 以上，同时极Ⅰ高、低端阀组仍通过逆变侧形成电流通路（持续时间 3.5ms），符合高端阀厅 800kV

穿墙套管故障接地的电流特征。

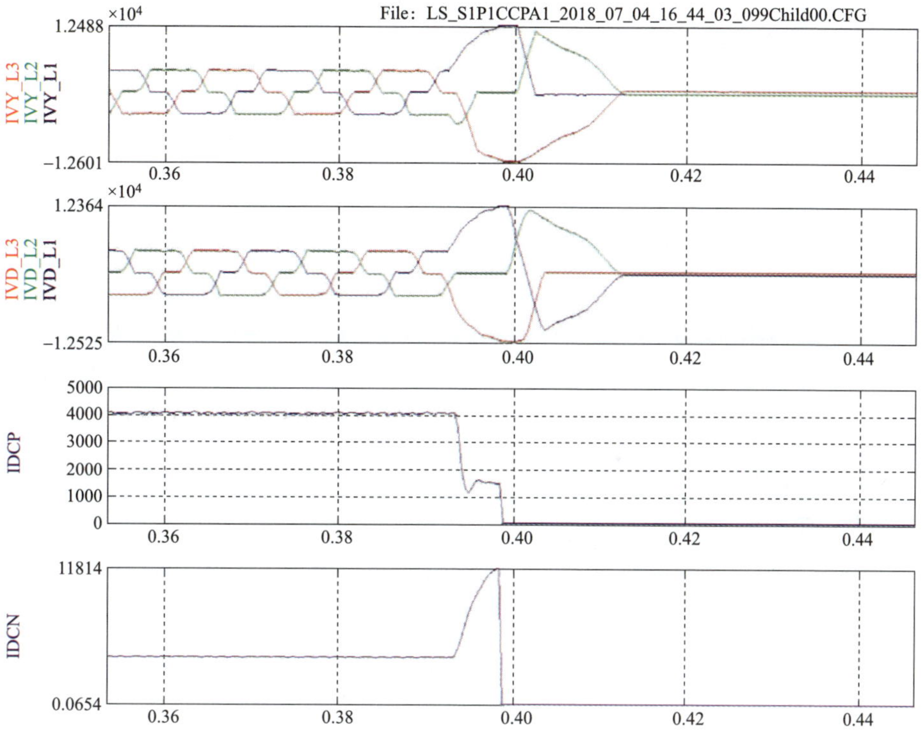

图 5－14　CCP 故障波形

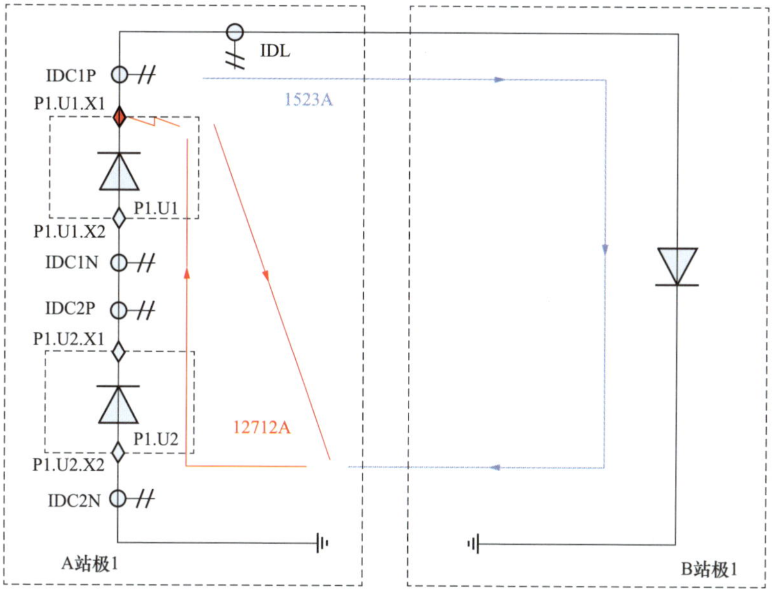

图 5－15　极Ⅰ故障电流回路图

5.2.2.2 保护动作分析

(1) 阀组差动保护动作分析。阀组差动保护计算高端阀组极出线电流 IDC1P 与高端阀组中性出线电流 IDC1N 差值，超过定值则保护动作，本次阀组差动保护 2 段动作。

该站高端阀组差动保护逻辑及定值如下：

差动电流 VDP_DIFF=｜IDC1P－IDC1N｜，制动电流 IRES=｜IDC1P+IDC1N｜/2；

当 0.2×IRES>6（标幺值）时，VDP_IRES1=6（标幺值）；

当 0.3（标幺值）<0.2×IRES<6（标幺值）时，VDP_IRES1=0.2IRES；

当 0.2×IRES<0.3（标幺值）时，VDP_IRES1=0.3（标幺值）；

VDP_DIFF>0.2×VDP_RES1，延时 5ms 出口跳闸。

由故障录波可知，IDC1P（P1.U1.T1）达到 1575A，IDC1N（P1.U1.T2）约 12706A，两者差值达到约 11131A，大于此时 2 段定值 1500A（计算值），满足保护动作条件，延时 5ms 闭锁，保护动作正确。

(2) 极差动保护动作分析。极差动保护计算高端阀组极母线电流 IDL 与中性母线各入地电流的差值，超过定值则保护动作，本次跳闸 2 段保护动作。

该站高端阀组差动保护逻辑及定制如下：

差动电流 IPDP_DIFF=｜IDNE－IDL－ICN－IAN｜，制动电流 IRES_PDP=｜（IDNE+IDL）/2｜；

保护Ⅱ段逻辑：IPDP_DIFF>0.2×IRES_PDP，延时 30ms，展宽 100ms，且无 IDNE、IDL、IAN、ICN 测量故障，出口跳闸。

其中 IDL 是直流线路电流，IDNE 是极中性线电流，ICN 是极中性线电容器电流，IAN 是极中性线避雷器电流。

查看故障录波发现，IDNE 达到 12700A 以上，IDL 约 1573A，两者差值达到约 11130A，大于此时 2 段定值 1427A（计算值），满足保护动作条件，延时 30ms 闭锁，保护动作正确。

(3) 穿墙套管故障极闭锁后自动启动健全阀组逻辑分析。该站阀组光电流互感器均位于阀厅外部，并且配置了穿墙套管故障极闭锁后自动启动健全阀组的功能，逻辑时序如图 5-16 所示，此次极Ⅰ故障闭锁后，1 分 54 秒内完成极隔离、两站高端阀组隔离、本站极连接的顺控操作，极Ⅰ低端阀组重启成功，逻辑动作正确。

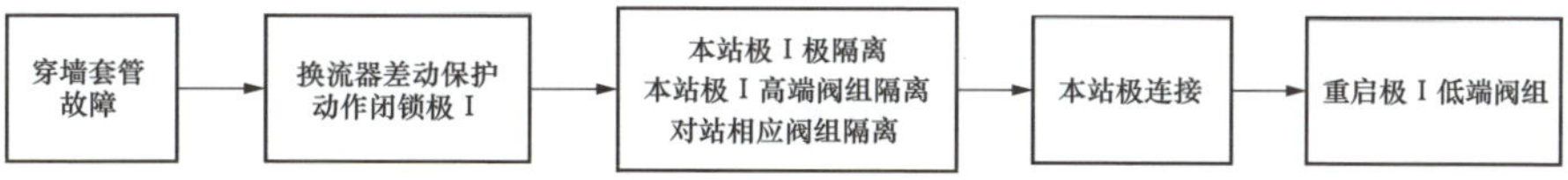

图 5－16　穿墙套管故障极闭锁后启动健全换流器逻辑时序图

5.2.2.3　现场检查情况

（1）一次设备外观检查。现场检查发现，极Ⅰ高端 800kV 直流穿墙套管防爆膜已完全炸裂脱落，套管内部有熏黑痕迹，伞裙有缺口，检查该套管 SF_6 压力已降为 0.1MPa（一个大气压，正常套管压力约 0.63MPa），套管外观未发现闪络痕迹。故障穿墙套管现场如图 5－17 所示。

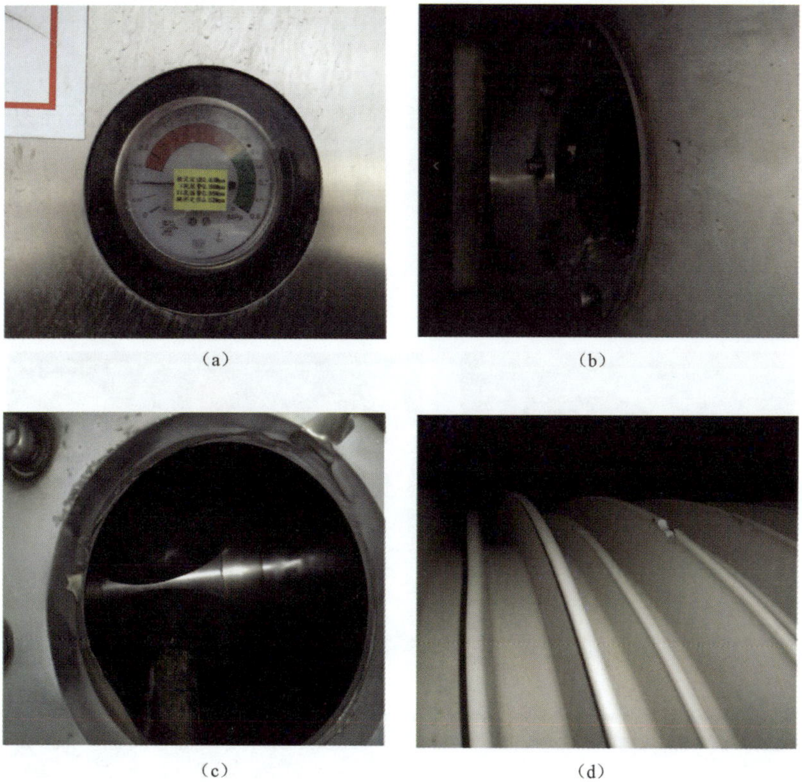

图 5－17　故障穿墙套管现场图

(a) 故障后压力情况；(b) 防爆口外部检查情况；(c) 防爆口内部检查情况；(d) 套管伞裙破损情况

（2）后台数据查情况。检查一体化在线监测系统，极Ⅰ高端阀组 800kV 套管 SF_6 压力故障前一直正常，维持在 0.68MPa 左右，压力变化趋势未发现明显异常。在故障发生后，压力在短时间内迅速下降至 0.1MPa，如图 5－18 所示。其余套管压力未见明显异常。

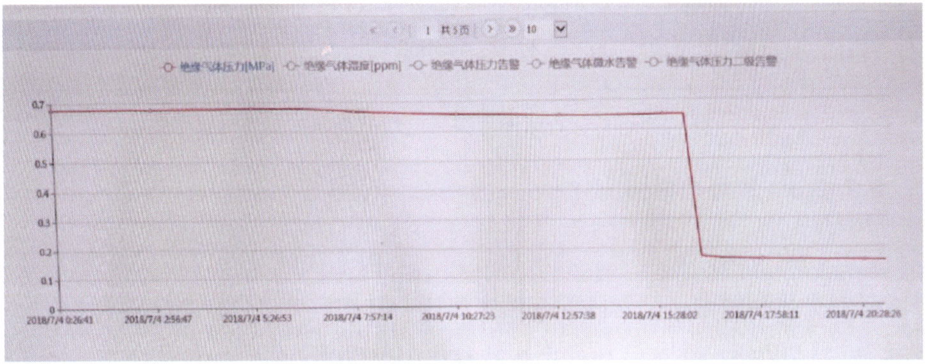

图 5-18　故障穿墙套管压力情况

5.2.2.4　穿墙套管异常情况追溯

（1）套管基本情况。该站极Ⅰ高端 800kV 直流穿墙套管为充 SF_6 复合外套（纯 SF_6 气体绝缘）结构，型号为 PWHS800.1800.5000，2017 年 9 月年度检修期间替换原套管运行。

2015 年 7 月 13 日，某换流站因 800kV 直流穿墙套管内部故障导致极Ⅱ闭锁，该站套管故障后，设备厂家对套管进行了技术改进，如图 5-19 所示，主要为：

图 5-19　故障穿墙套管压力情况

（a）绝缘支撑；（b）弹簧触指腔/隔离室；（c）无涂层中心导体；（d）对接部位

1）将分段导电杆更换为整根中心导电杆。

2）原三个绝缘支撑中取消顶部支撑，即温度相对较高区域的顶部绝缘支撑。

3）导流对接处从原来套管的中间位置改到户外侧端部，重新设计对接部位，现采用两个大尺寸弹簧触指，优化的导向锥及更好的润滑方案。

4）取消中心导电杆表面涂层，通过机加工获得光滑的铝导体表面，杜绝涂层脱落而引起的可能的套管电气问题。

（2）套管运行期间检查情况。上述改进为本直流工程首次采用，为验证其可靠性，设备厂家在该站 2017 年年度检修期间用备件对极Ⅰ800kV 穿墙套管进行了更换，并于 9 月 29 日至 10 月 1 日将原运行套管解体检查。解体前，套管外观检查、气体组分、回路电阻、交流局放等试验数据均正常。解体后，导杆、支撑件未见发热及放电痕迹，但弹簧触指与导电杆在热胀冷缩作用下产生位移，导致触指与导电杆间有较深划痕，并伴有金属粉末，如图 5－20 所示。

针对上述问题，设备厂家提出了改进意见，主要有以下几个方面：

1）改进弹簧触指，减少划痕及金属粉末的产生。

2）优化导电杆，防止导电杆由于自重引起的导杆弯曲变形趋势而引起的弹簧触指工作状态的非对称性，减少划痕。

3）改进润滑方案，减少摩擦并吸附金属粉末。

4）改善密封并增加金属粉末吸附装置，防止金属粉末在墙体扩散。

（a）

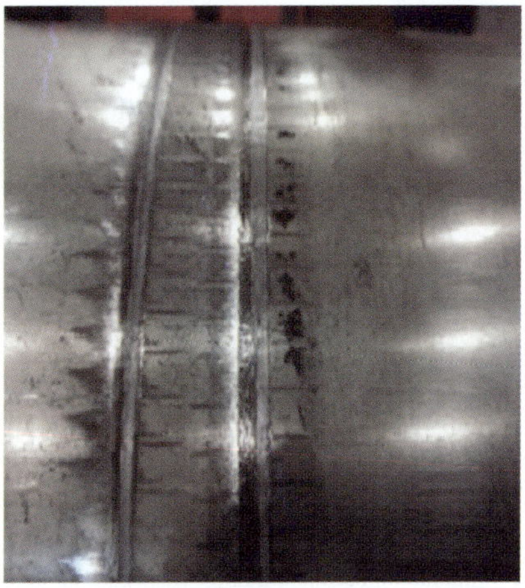

（b）

图 5－20　故障穿墙套管压力情况

（a）金属粉末情况；（b）导电杆划痕情况

（3）故障套管试验情况。对该套管出厂试验、交接试验（2017 年更换）报告及数据进行核查，所有试验数据均满足标准要求。

现场定期对该套管进行红外测温（见图 5－21），未发现异常。

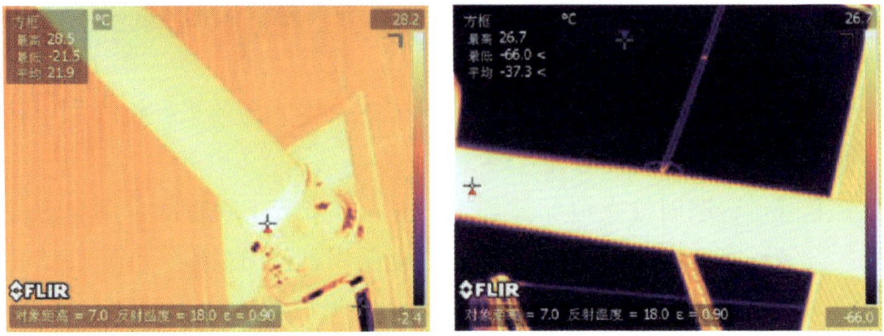

图 5－21　套管红外测温情况

5.2.3　结论及建议

5.2.3.1　结论

本次故障为极Ⅰ高端 800kV 直流穿墙套管内部故障放电导致套管防爆口炸裂脱落，并造成极Ⅰ高端阀组闭锁，极Ⅰ故障重启。

5.2.3.2　建议

针对此厂家型号的套管发生多次故障的情况，应深度讨论其内部结构存在的隐患并加以整改，且为保证供电可靠，在问题解决之前，可考虑更换其他厂家的穿墙套管。

5.3　某换流站极Ⅱ内水冷温度变送器 TT04 异常分析

5.3.1　故障简介

5.3.1.1　故障描述

2017 年 6 月 9 日 13 时 54 分，某换流站 OWS 系统报出：“极Ⅱ内冷 AP5 控制柜预警”“极Ⅱ内冷 AP6 控制柜预警”“冷却水出阀温度变送器 TT04 故障”“冗余变送器示值超差”“冷却水出阀温度高”“极Ⅱ内冷 AP5 控制柜功率回降”“极Ⅱ内冷 AP6 控制柜功率回降”等报文。双极直流功率由 4000MW 降至

2400MW，极Ⅰ功率 2200MW，极Ⅱ功率 200MW。异常事件记录如表 5－3 所示。

表 5－3 异常事件记录

时间	事件描述	备注
13：54：06：795	极Ⅱ内冷 AP5 控制柜预警、极内冷 AP6 控制柜预警	极Ⅱ内水冷系统总告警
13：54：06：843	极Ⅱ出阀温度变送器 TT04 故障	变送器故障判据为变送器输入阀冷系统的电流值越线（上限值 21.36mA，下限值 3.74mA）
13：54：15：363	冗余变送器示值超差，请检查	两变送器温度差超过测量高值的 20%
13：54：15：368	极Ⅱ出阀温度变送器 TT04 故障复归、冷却水出阀温度高	复归后，后台采样值为 105℃，已超过出阀温度高高报警值 65℃，且已超过测量量程（－50～100℃）
13：54：19：322	极Ⅱ内冷 AF5 控制柜功率回降、极Ⅱ内冷 AF6 控制柜功率回降	极Ⅱ内水冷系统向极控系统发出功率回降信号

依据调度规程，为避免极Ⅰ长时间过负荷运行，13 时 56 分，当值人员立即向国调申请将极Ⅰ功率由 2200MW 降至 2000MW。16 时 13 分，国调许可 TT04 温度变送器消缺工作，随即检修人员对温度变送器 TT04 进行更换。16 时 32 分完成更换工作，更换后极Ⅱ内冷 AP6 控制柜显示屏温度恢复，OWS 系统水冷界面温度显示正常，异常消除。17 时 45 分国调下令恢复功率。

5.3.1.2 故障设备信息

该换流站出阀温度变送器 TT04 为“E＋H TR10”型一体化温度变送器，生产时间为 2010 年。

5.3.1.3 故障前运行情况

直流双极大地回线 4000MW 运行，750kV 及 330kV 交流系统正常方式运行，双极阀水冷系统运行正常。

5.3.2 故障原因分析

5.3.2.1 现场检查及试验分析

（1）现场检查情况。运行人员立即检查 OWS 系统极Ⅱ水冷系统界面，显示冷却水出阀温度 104.99℃，如图 5－22 所示。

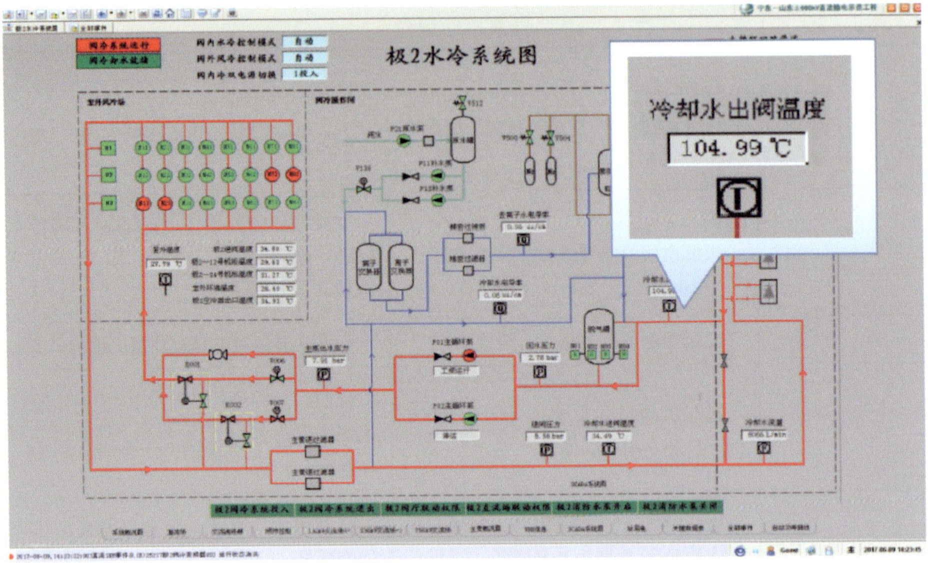

图 5－22　后台报温度变送器 TT04 温度异常

检查极Ⅱ阀水冷设备间 AP6 控制柜，显示 TT04 变送器测量的出阀温度为 105℃，TT05 变送器测量的出阀温度为 35.6℃，如图 5－23 所示。

检查极Ⅱ冷却水出阀，温度正常，初步判断温度变送器 TT04 存在异常，TT04 温度变送器如图 5－24 所示。

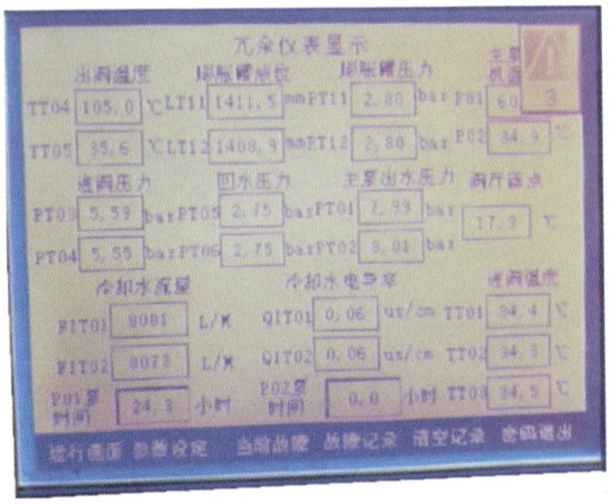

图 5－23　现场 AP6 柜显示屏 TT04 温度异常

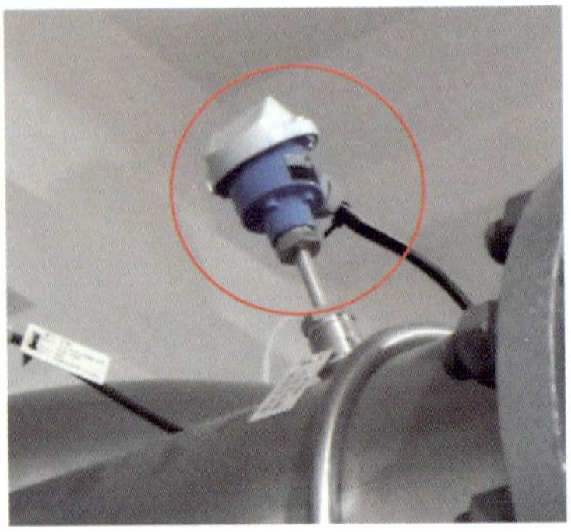

图 5－24　TT04 温度变送器

（2）温度变送器结构及试验分析。

1）温度变送器结构分析。出阀温度变送器测量温度范围为－50～100℃，生产日期为 2010 年。温度变送器整体结构如图 5－25 所示，“E＋H TR10”型温度变送器由热电阻铠芯、外部的热保护套管及接线盒两大部分组成。外部的热保护套管及接线盒仅起保护、防尘作用。主要的测量、转换工作由内部热电阻铠芯完成。

热电阻铠芯由两个模块构成，即一个四线制 Pt100 和 TMT180 温度变送器，温度信号由 TMT180 将 Pt100 转换成 4～20mA 电流进入阀冷控制柜。

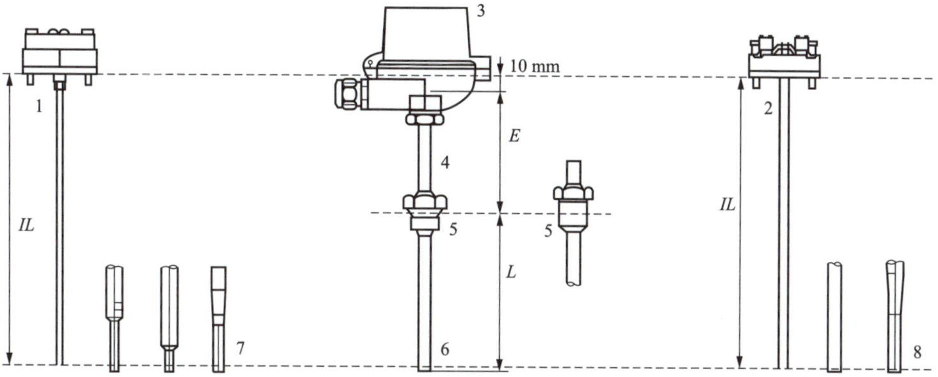

图 5－25　温度变送器整体结构

1—热电阻铠芯，带一体化温度变送器（铠芯直径 ϕ3mm）；2—热电阻铠芯，带陶瓷接线端子块（铠芯直径 ϕ6mm）；3—接线盒；4—热保护套管；5—螺纹过程连接；6—热保护套管末端类型；7—缩径型或锥管型（铠芯直径 ϕ3mm）；8—直管型或锥管型（铠芯直径 ϕ6mm）；E—延长径长度；L—浸入深度；IL—铠装芯子总长，$IL=E+L+10$mm

现场打开温度变送器顶盖，检查接线端端子，未发现异常。温度变送器接线端实拍图如图 5－26 所示。

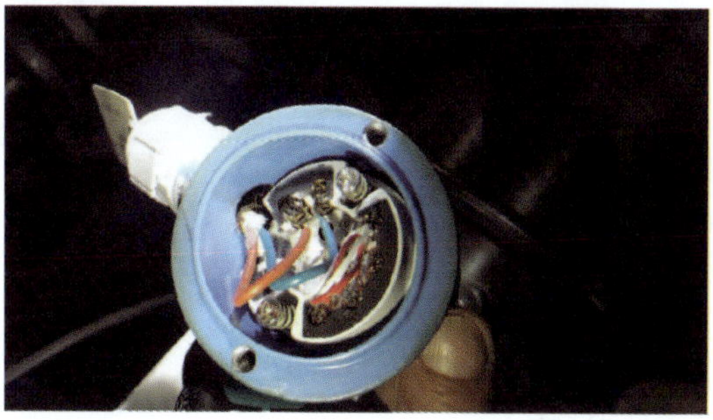

图 5－26　温度变送器接线端实拍图

2）Pt100 模块传导性能分析。为验证 Pt100 的传导性能是否存在劣化，宁夏电力科学研究院及检修公司热工专业对发生异常的 TT04 温度变送器进行温度循环试验，并与同型号备件进行对比，数据如表 5－4 所示。

表 5-4　　四线制 Pt100 传导性能检测结果

试验温度（℃）	备件输出电流（mA）	TT04输出电流（mA）	理论计算值（mA）
20	11.45	11.47	11.47
30	12.51	12.52	12.53
35	13.05	13.04	13.06
40	13.56	13.57	13.59
50	14.64	14.63	14.66
60	15.70	15.70	15.72
80	17.83	17.84	17.84
100	19.94	19.98	19.97

由上述试验数据分析可知，Pt100 模块在不同试验温度下的特性与备件一致。由此可见，温度变送器 TT04 的 Pt100 模块的传导性能正常。

3）TMT180 模块分析。TMT180 模块为浇装结构，由于厂家无法提供该模块的转换逻辑及内部结构图，因此，试验人员编制模拟试验方案，对异常发生时的情况进行逆推还原分析。温度变送器接线端示意图如图 5-27 所示，电流输出判别逻辑见图 5-28。

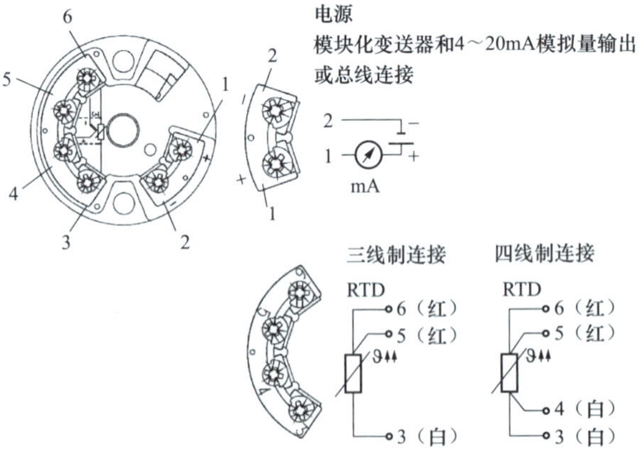

图 5-27　温度变送器接线端示意图

故障信息

- 超量程下限：
  线性下降至3.8mA
- 超量程上限：
  线性上升至20.5mA
- 传感器开路：传感器短路：
  ≤3.6mA 或≥21.0mA（设定值为不小于21.0mA时，可以确保输出不小于21.5mA）

图 5-28　温度变送器电流输出判别逻辑

试验方案 1：端子开路试验。分别断开 3、4、5、6 号端子，测量温度变送器的输出电流（在室温 25℃下），测试结果如表 5－5 所示。

表 5－5　　试验方方案 1 测量结果

断开端子序号	3 号端子	4 号端子	5 号端子	6 号端子
输出电流（mA）	22.2	22.2	22.2	22.2

试验方案 2：端子短路试验。分别短接 4、5 号端子和 3、6 号端子，测量温度变送器的输出电流（在室温 25℃下），测试结果如表 5－6 所示。

表 5－6　　试验方案 2 测量结果

短接端子序号	3、6 号端子	4、5 号端子
试验结果输出电流（mA）	22.2	22.2

试验方案 3：电源开路试验。变送器电源端子开路试验（在室温 25℃下），测试结果如表 5－7 所示。

表 5－7　　试验方案 3 测量结果

断开端子序号	1 号端子	2 号端子
试验结果输出电流（mA）	0	0

试验方案 4：端子虚接试验，接线图如图 5－29 所示。在 3 号端子处分别串接 80、500、700Ω 的电阻，测量温度变送器的输出电流（在室温 25℃下），测试结果如表 5－8 所示。

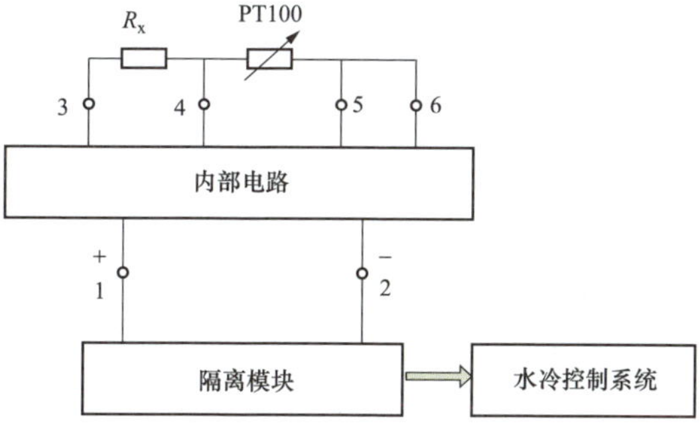

图 5－29　试验方案 4 的接线图

表 5－8　　试验方案 4 测量结果

串接电阻 R_x 的取值（Ω）	80	500	700
输出电流（mA）	11.96	11.96	22.2

试验方案 5：跨接电阻试验，接线图如图 5－30 所示。在 1、2 号端子间跨接一个可变电阻 R_x，改变 R_x 的值，测量温度变送器的输出电流（在室温 25℃

以下）。

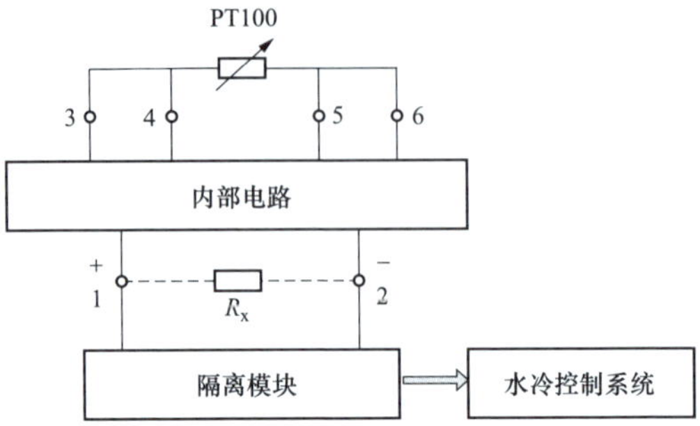

图 5－30　试验方案 5 的接线图

试验结果为，当 R_x 的值为 3000Ω 时，输出电流值约为 20.5mA，该值对应的温度为 105℃。

综合上述试验结果，分析如下：

a. 根据图 5－27 和图 5－28 及试验方案 1 和试验方案 2 结果分析，若 TMT180 内的 3、4、5、6 号接线端子存在端子断开或短接，TMT180 输出故障电流 22.2mA，虽然满足水冷系统设定的温度变送器故障判断逻辑，但该故障信号在报出 9s 后自动复归，若变送器故障是由端子断开或短接引起，则故障信号复归后断开或短接的情况相应消失，此时出阀变送器的输出温度应为实际值，将不会存在功率回降。综合 AP6 控制柜面板显示及极控系统持续降功率至 200MW 的情况判断，信号复归后，变送器输出温度始终保持在故障时的 105℃，因此排除接线端子断开或短接的可能。

b. 根据图 5－28、图 5－29 及试验方案 3 结果分析，电源端子开路时，输出电流恒定为 0，变送器故障的报文将不会复归，故排除电源端子开路的可能。

c. 根据图 5－28、图 5－29 及试验方案 4 结果分析，若端子间出现跨接电阻且该阻值对应的输出电流大于温度变送器故障判断的门槛值，虽然满足水冷系统设定的温度变送器故障判断逻辑，但是该故障信号在报出 9s 后自动复归，并在复归后开始功率回降直至 200MW。根据 AP6 控制柜 TT05 变送器测量值可知，该段时间内，伴随功率回降，极 2 内水冷出阀温度由 45℃降至 35℃，而异常变送器输出温度值始终为 105℃（对应输出电流 20.5mA）。若故障时刻存在某一过渡电阻使得温度变送器输出电流值为 20.5mA，则该值应伴随功率回降过程中内冷水出阀温度的下降而下降（Pt100 电阻值随温度变化，表现到外部，输出等效电阻会根据 Pt100 阻值变化而变化），而不是保持在 105℃。因此排除虚接的可能。

d. 根据图 5－28、图 5－29 及试验方案 5 结果分析，假设温度变送器 TMT180 模块的 1、2 接线端子之间有高阻（25℃工况下为 3000Ω，45℃工况下为 4000Ω）跨接，导致出现 20.5mA（105℃）测量信号。功率回降过程中换流阀出水温度由 45℃逐渐降至 35℃，若异常情况仅由跨接电阻导致，则功率回降过程中，变送器输出电流应逐渐减小。而实际情况是，异常温度变送器始终输出 20.5mA（105℃）信号值，故排除存在跨接电阻的可能。

温度变送器 TMT180 模块为胶装结构，未设置人工拆解点。为进一步分析原因，对其采用机械拆解。温度变送器生产厂家告知，TMT180 模块内部由固化的 PCB 板和芯片构成，拆解如图 5－31 所示。现场无法对其进行进一步分析，需温度变送器原厂沟通查找进一步原因。

图 5－31　温度变送器拆解图

5.3.2.2　综合分析

（1）水冷温度传感器配置。该换流站采用内水冷系统，每极配置三台进阀温度变送器和两台出阀温度变送器。

进阀温度采用“三取二”原则选择，即计算三台进阀温度变送器之间的偏差，如偏差值不相等，则取偏差值较小的两仪表进行控制；如两个偏差值相等，则取在线值较大的两仪表进行控制。功率回降逻辑中，进阀温度采用“三取二再取一”逻辑，即选择“三取二”结果中的高不利值进行控制。

出阀温度在“超过出阀温度高设定值出口功率回降”的逻辑中，采取“二取二”原则，即两台出阀温度传感器同时满足条件才出口；在“进出阀温差大于等于 20℃出口功率回降”的逻辑中，采取“二取一”原则，即选取合法温度范围内的高不利值参与控制。

（2）功率回降逻辑分析。如图 5－32 所示，满足如下两个条件之一，功率回降指令即出口至极控系统。

条件一：三台进阀温度变送器不全故障，且两台出阀温度变送器不全故障的情况下，出阀温度与进阀温度的差值不小于 20℃，即出口功率回降。

条件二：两台出阀温度变送器均正常的情况下，两台出阀温度变送器采集的温度值均超过出阀温度高报警值（即 65℃），则出口功率回降。

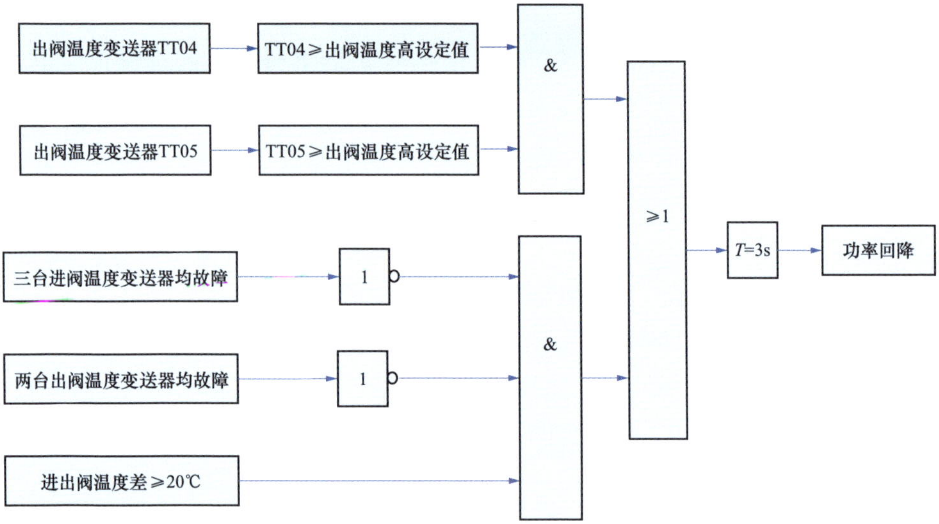

图 5-32　水冷系统功率回降逻辑图

异常发生时，出阀温度变送器 TT05 没有在故障状态，TT04 发生故障但故障状态保持 9s 后复归，系统判定 TT04 恢复正常状态，但此时 TT04 采集温度值为 105℃，与进阀温度值的差值远超出 20℃，满足“条件一”，导致水冷系统功率回降指令出口。

（3）水冷系统出阀温度测量回路分析。出阀温度变送器 TT04 正常运行时输出 4～20mA 电流信号，对应温度范围为－50～100℃，经隔离模块将 4～20mA 电流信号转换为 0～10V 电压信号，分别接入阀冷 A、B 两套控制系统，两套控制系统可同时读取到 TT04 温度测量值，出阀温度测量回路图如图 5-33 所示。

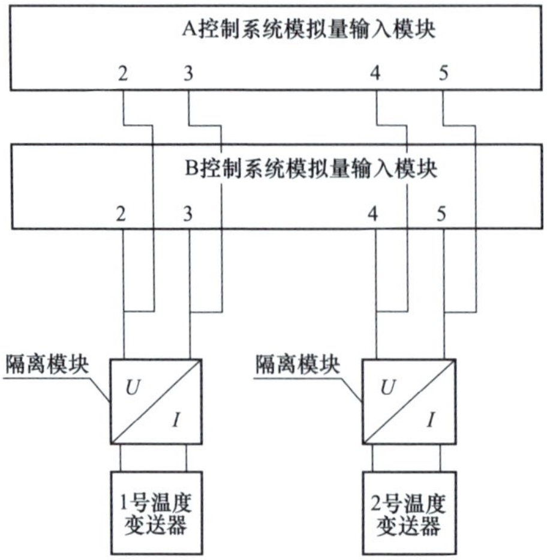

图 5-33　出阀温度测量回路图

水冷系统设定的温度变送器故障判断电流是不小于 21.36mA 或不大于 3.74mA，因此，13：54：06：843 控制系统报“出阀温度变送器 TT04 故障”时，该变送器输出电流应不小于 21.36mA，该值为无效值，不参与功率回降逻辑判断。

13：54：15：368，“出阀温度变送器 TT04 故障”报警复归，但 TT04 示值保持在 105℃，其对应的变送器输出电流不大于 21.36mA，为有效值，参与功率回降逻辑计算。

根据以上分析结果判断，出阀温度变送器 TT04 出现过 9s 的测量值无效过程，并于 9s 后保持在出阀温度变送器有效输出的上限值。

5.3.3 结论及建议

5.3.3.1 结论

（1）综合上述分析，功率回降事故是由于极Ⅱ出阀温度变送器 TT04 故障造成的。异常发生时，出阀温度变送器 TT05 没有在故障状态，TT04 发生故障但故障状态保持 9s 后复归，系统判定 TT04 恢复正常状态，但此时 TT04 采集温度值为 105℃，在“进出阀温差大于等于 20℃出口功率回降”的逻辑中，采取“二取一”原则，选取合法温度范围内的高不利值参与控制，即 105℃，则此时出阀温度与进阀温度值的差值远超出 20℃，导致水冷系统功率回降指令出口。

（2）综合现场实际检查情况、站内模拟实验测试情况以及厂家技术人员测试分析结果，极Ⅱ出阀温度变送器 TT04 温度变送器故障原因可能为：TMT180 模块发生软故障，导致其持续输出测量线性值的上限 20.5mA（105℃）并保持，最终造成进出阀温度超差功率回降出口。

（3）根据本次事故分析，发现该换流站阀冷系统存在以下缺陷及隐患。

1）阀冷系统对温度变送器采样值的判断逻辑存在缺陷。

a. 水温越限定值设置不合理，冷却水温度变送器正常工作时的输出区间为 [3.8mA，20.5mA]，对应温度区间为 [－52℃，105℃]，温度变送器故障时的输出电流区间为 [21.5mA，3.6mA]，阀冷系统认定的采样值区间为 [3.74mA，21.36mA]，虽然足以甄别出温度变送器的故障电流，但对于水温来讲，[－52℃，105℃] 的温度区间过于宽泛；

b. 对采样值的合理性判断逻辑不合理，未考虑动态变化过程，未考虑水温不能突变的特性。

2）阀冷系统的阀出水温度保护存在隐患。进出阀温差超 20℃降功率的保护中，未考虑两个出阀温度变送器测量误差过大引起的误动。

5.3.3.2 建议

（1）认真研究、严谨分析，制订阀内冷功率回降逻辑优化、整改方案，并完成验证及实施。

（2）跟踪厂家对异常温度变送器 TMT180 模块的进一步分析，明确温度变送器故障原因。

（3）加强运维巡视工作，做好水冷系统相关表计的巡视记录工作。

（4）做好备品备件管理，对缺少的备品备件及时补充。

5.4 某换流站极Ⅰ外风冷冷却器动力柜失电故障

5.4.1 事件概述

5.4.1.1 故障描述

2017 年 3 月 23 日 1 时 24 分，某换流站后台相继报出“极Ⅰ400V Ⅰ段馈出开关总报警”“极Ⅰ400VⅡ段馈出开关总报警”“极Ⅰ外冷报警 B1”“极Ⅰ外冷报警 A1”“极Ⅰ阀外冷 1＃交流电源故障”“极Ⅰ阀外冷 2＃交流电源故障”“极Ⅰ阀外冷系统就绪信号消失”“极Ⅰ阀外冷 5＃交流电源故障”“极Ⅰ阀外冷 6＃交流电源故障”“极Ⅰ阀外冷 5/6＃母线交流电源故障”“极Ⅰ阀外冷 1/2＃交流母线电源故障”，报文如表 5－9 所示。

表 5－9 某换流站后台监控系统故障报文

时 间	事件类型	附属	编号	事件区域	报 文	状态
2017－03－23，01：24：17：133	直流 SER 事件	主（B）	23462	站用电	41ZKK/404 开关 Ⅱ段馈出开关总报警	产生
2017－03－23，01：24：17：134	直流 SER 事件	从（A）	23462	站用电	41ZKK/404 开关 Ⅱ段馈出开关总报警	产生
2017－03－23，01：24：17：297	直流 SER 事件	主（B）	101183	极Ⅰ	极Ⅰ外冷报警 B1	产生
2017－03－23，01：24：17：299	直流 SER 事件	主（B）	101181	极Ⅰ	极Ⅰ外冷报警 A1	产生
2017－03－23，01：24：17：318	直流 SER 事件	主（B）	24529	极Ⅰ 阀冷	极Ⅰ阀外冷 1＃交流电源故障	产生

续表

时　间	事件类型	附属	编号	事件区域	报　文	状态
2017-03-23，01：24：17：318	直流 SER 事件	主（B）	24530	极Ⅰ阀冷	极Ⅰ阀外冷 2#交流电源故障	产生
2017-03-23，01：24：17：318	直流 SER 事件	主（B）	24589	极Ⅰ阀冷	极Ⅰ阀外冷系统就绪信号消失	产生
2017-03-23，01：24：17：318	直流 SER 事件	主（B）	24590	极Ⅰ阀冷	极Ⅰ阀外冷系统故障	产生
2017-03-23，01：24：17：318	直流 SER 事件	主（B）	24649	极Ⅰ阀冷	极Ⅰ阀外冷 5#交流电源故障	产生
2017-03-23，01：24：17：318	直流 SER 事件	主（B）	24650	极Ⅰ阀冷	极Ⅰ阀外冷 6#交流电源故障	产生
2017-03-23，01：24：17：324	直流 SER 事件	从（A）	101183	极Ⅰ	极Ⅰ外冷报警 B1	产生
2017-03-23，01：24：17：324	直流 SER 事件	从（A）	101181	极Ⅰ	极Ⅰ外冷报警 A1	产生
2017-03-23，01：24：17：358	直流 SER 事件	从（A）	24650	极Ⅰ阀冷	极Ⅰ阀外冷 6#交流电源故障	产生
2017-03-23，01：24：17：358	直流 SER 事件	从（A）	24649	极Ⅰ阀冷	极Ⅰ阀外冷 5#交流电源故障	产生
2017-03-23，01：24：17：358	直流 SER 事件	从（A）	24590	极Ⅰ阀冷	极Ⅰ阀外冷系统故障	产生
2017-03-23，01：24：17：358	直流 SER 事件	从（A）	24589	极Ⅰ阀冷	极Ⅰ阀外冷系统就绪信号消失	产生
2017-03-23，01：24：17：358	直流 SER 事件	从（A）	24588	极Ⅰ阀冷	极Ⅰ阀外冷系统失去冗余冷却能力	产生
2017-03-23，01：24：17：358	直流 SER 事件	从（A）	24530	极Ⅰ阀冷	极Ⅰ阀外冷 2#交流电源故障	产生
2017-03-23，01：24：17：358	直流 SER 事件	从（A）	24529	极Ⅰ阀冷	极Ⅰ阀外冷 1#交流电源故障	产生
2017-03-23，01：24：17：358	直流 SER 事件	主（B）	24588	极Ⅰ阀冷	极Ⅰ阀外冷系统失去冗余冷却能力	产生

现场检查极Ⅰ外风冷两段动力电源均失电，极Ⅰ外冷风机全部停运，极Ⅰ400V 室内外冷空冷器电源 1 和电源 2 跳开，极Ⅰ水冷间 1 号冷却器风机动力柜内 1 号交流电源进线断路器和 2 号交流电源进线断路器均跳开，1 号冷却器风机动力柜内有明显灼烧痕迹。

故障发生时，极Ⅰ进阀温度 39℃左右，由于外风冷风机全停，外风冷冷却能力不足，进阀温度以大约每两分钟 1℃的速率持续上升。1 时 40 分，极Ⅰ进阀温度达到48℃，后台报出“进阀温度高”报警。

1时41分，运行人员合上极Ⅰ400V室内外冷空冷器电源1后，极Ⅰ外风冷2段母线恢复供电，相应报警信号复归，极Ⅰ外风冷启动风机8台。

检修人员对极Ⅰ水冷间1号冷却器风机动力柜内2号交流电源进线故障断路器进行更换后，运行人员依次恢复极Ⅰ400V室内外冷空冷器电源2、极Ⅰ水冷间1号交流电源进线断路器和2号交流电源进线断路器后，设备运行正常，故障消除。

故障未对直流系统运行造成影响，无负荷损失。

5.4.1.2 故障发生前运行工况

故障发生时阴天，环境温度1℃。直流系统双极大地回线3600MW正常运行，站用电系统Ⅰ、Ⅱ回运行正常，Ⅲ回备用，双极阀冷却系统运行正常。现场无检修工作。

5.4.2 故障原因分析

5.4.2.1 现场检查及试验分析

极Ⅰ400V室开关跳闸情况：3QF2极Ⅰ外冷空冷器电源1、3QF2极Ⅰ外冷空冷器电源2跳闸。

极Ⅰ水冷间开关跳闸情况：1QFN 1号交流电源进线开关、1QFR 2号交流电源进线开关跳闸。

极Ⅰ水冷间极Ⅰ1号冷却器风机动力柜内有明显烧灼痕迹，1号交流电源进线断路器和2号交流电源进线断路器接线部位电弧灼烧痕迹明显，如图5－34和图5－35所示。

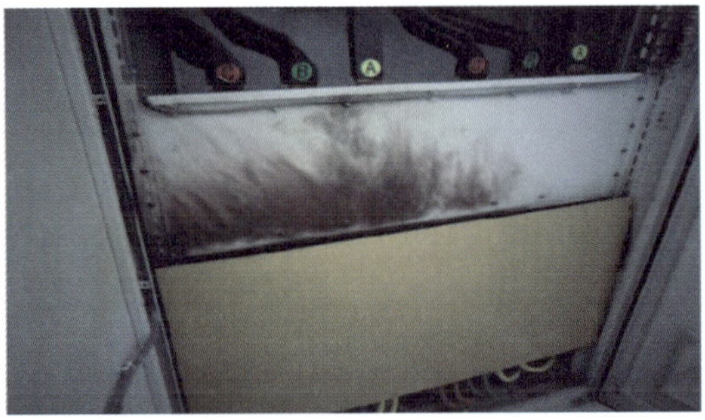

图5－34　1号冷却器风机动力柜后门

图 5-35　1 号交流电源进线断路器、2 号交流电源进线断路器接线部位

5.4.2.2　综合分析

(1) 极Ⅰ外冷风机动力回路情况。极Ⅰ外冷风机动力回路有两段母线，每段母线上分别挂 6 台变频器，控制极Ⅰ外风冷全部 24 台风机。为保证用电可靠性，每段母线由两路电源来供电，供电电源分别来自站用电 400V 母线Ⅳ段和Ⅵ段，如图 5-36 所示。

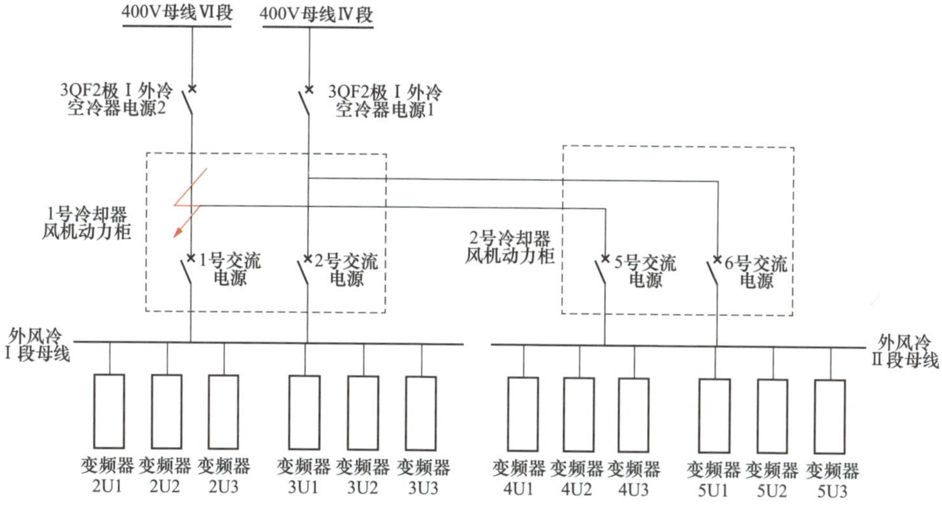

图 5-36　极Ⅰ外冷风机动力回路示意图

(2) 风冷电源开关级差配合情况。

1) 上级断路器（400V 室 3QF2 极Ⅰ外冷空冷器电源 1、3QF2 极Ⅰ外冷空冷器电源 2）：额定电流 750A，一段过负荷动作值 1000A，延时 12s（配合站用电备自投），二段关闭，三段速动动作值 6000A，无延时。

2) 下级断路器（阀水冷室 1 号交流电源开关、2 号交流电源开关）：一段动作值 500A，延时 24s（躲过风冷电机启动电流及启动时间），二段 off，三段动作值3000A，无延时。

（3）故障原因分析。结合现场设备检查情况，判断故障原因为极Ⅰ1号冷却器风机动力柜内2号交流电源开关进线铜排处B、C相发生相间短路放电（如图5-4中所示位置）。由于现场1号交流电源开关与2号交流电源开关距离较近，引线铜排排列紧密，且无绝缘化措施，短路电流形成电弧后，在1号交流电源开关与2号交流电源开关之间形成弧光短路，导致1号、2号两路交流电源开关跳闸，极Ⅰ400V室的3QF2极Ⅰ外冷空冷器电源1、3QF2极Ⅰ外冷空冷器电源2同时跳闸。

5.4.2.3 后续处理情况

（1）事故发生后，现场人员立即对故障范围内设备运行情况及极Ⅰ外风冷系统进行了全面检查，同时密切监视极Ⅰ换流阀进水温度增长情况。迅速试合3QF2极Ⅰ外冷空冷器电源1成功，外风冷2段母线带电，启动6组变频冷却风机，在极Ⅰ水冷系统阀进水温度到达跳闸值前，及时控制住了阀进水温度的持续升高趋势。

（2）外风冷恢复冷却能力后，检修人员对短路故障范围内电缆绝缘性能进行测量，电缆进行了全面检查，确认无异常后，对极Ⅰ1号冷却器风机动力柜内进线铜排接头烧损较严重的1号交流电源开关进行了整体更换，更换后对3QF2极Ⅰ外冷空冷器电源2开关、1号交流电源开关、2号交流电源开关以及6号交流电源开关进行逐级送电，极Ⅰ外冷系统恢复正常运行，故障消除。

5.4.3 结论及建议

5.4.3.1 结论

此次故障是该站极Ⅰ1号冷却器风机动力柜内两路开关进线B、C相发生相间短路放电，相间短路原因不明。因铜排排列紧密，且无绝缘化措施，在1号交流电源开关与2号交流电源开关之间形成弧光短路，导致1号、2号两路交流电源开关跳闸，极Ⅰ外冷空冷器电源1、电源2跳闸，造成极Ⅰ外风冷系统风机全停。

5.4.3.2 建议

（1）对该站所有400V开关柜进行全面排查，加强对全站400V开关的检巡视维护，提前发现设备异常，消除故障隐患。

（2）对故障受损开关进行实验验证，进一步分析故障原因。

（3）联系购买补充同型号开关备件。

（4）针对阀冷系统典型故障开展事故应急演练，提高运维人员事故应急处理能力。

（5）结合停电检修，对双极阀冷冷却器风机动力柜裸露铜排进行绝缘化处理，在两台交流进线开关之间加装绝缘隔板。